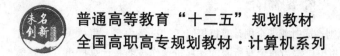

普通高等教育"十二五"规划教材

全国高职高专规划教材·计算机系列

计算机应用基础

主　编　高　睿

参　编　李　珍　罗　伟　周兴裔

北京大学出版社

PEKING UNIVERSITY PRESS

内 容 简 介

本书以"应用为主、技能培养"为原则,同时兼顾全国计算机等级考试一级内容,每章采用大量与学习和职业岗位结合紧密的实际应用的案例,讲解当前企业所需的计算机操作技能和计算机相关的概念与知识。本书一共 6 章:第 1 章为计算机基本知识,主要介绍计算机的相关概念、计算机系统组成、多媒体技术、计算机病毒等概念;第 2 章为 Windows XP 的使用,主要结合 Windows XP 介绍主流操作系统的基本操作方法和实用功能;第 3 章为文字编辑与排版,介绍使用 Word 2003 进行文字编辑、排版、表格制作的操作方法;第 4 章为电子表格处理,介绍使用 Excel 2003 进行表格和图表制作、数据处理的操作方法;第 5 章为多媒体演示文稿,介绍 PowerPoint 2003 的操作方法;第 6 章为计算机的网络应用,介绍网络接入、浏览器、电子邮件和搜索引擎的应用以及相关的网络概念和知识。

本书可以作为高职高专学生的入门计算机课程的教材,也可以作为初学计算机人员的培训用书和自学教材。

图书在版编目(CIP)数据

计算机应用基础/高睿主编. —北京:北京大学出版社,2013.1
(全国高职高专规划教材·计算机系列)
ISBN 978-7-301-21506-7

Ⅰ.①计…   Ⅱ.①高…   Ⅲ.①电子计算机 – 高等职业教育 – 教材   Ⅳ.①TP3

中国版本图书馆 CIP 数据核字(2012)第 259571 号

书　　　名:计算机应用基础
著作责任者:高　睿　主编
策 划 编 辑:温丹丹
责 任 编 辑:温丹丹
标 准 书 号:ISBN 978-7-301-21506-7/TP · 1257
出 版 发 行:北京大学出版社
地　　　址:北京市海淀区成府路 205 号　100871
电　　　话:邮购部 62752015　发行部 62750672　编辑部 62765126　出版部 62754962
网　　　址:http://www.pup.cn　新浪官方微博:@北京大学出版社
电 子 信 箱:zyjy@pup.cn
印 刷 者:北京中科印刷有限公司
经 销 者:新华书店
　　　　　787 毫米×1092 毫米　16 开本　12.5 印张　301 千字
　　　　　2013 年 1 月第 1 版　2013 年 1 月第 1 次印刷
定　　价:25.00 元

前　言

近年来，全球信息化的潮流方兴未艾。同时，计算机应用的迅速普及，使得用计算机熟练处理个人数据和办公文档成为个人的基本素质要求。不但是办公室文员，还有企业、学校和家庭用户，也应具备基本的计算机操作能力及办公自动化处理技能，以提高工作和学习的效率。

为了更好地促进高职高专计算机基础课程的教学改革，实践"工厂化办学，办工厂化大学"的办学理念，编者认真研究企业对各专业人才在计算机操作能力上的需求，结合学校教学实际，充分考虑高职学生特点，采用先进的高等职业教育教材设计理念设计和编写了本书。

本书以计算机的基本操作技能和相关知识的培养为主要内容，突出课程能力目标，建立"够用适中"的计算机知识体系，结合职业素质的培养，在将成熟的最新成果引入到教材的同时，又充分考虑了全国计算机等级考试一级的内容，力图使学生在提高计算机应用能力的同时，通过国家计算机等级考试，实现学历证书与职业资格证书的"双证"融通。

本书在深入研究企业对高职人才在计算机操作能力的需求基础上，强化相关文档处理、表格制作等职业技能的培养和训练，同时提供大量课后习题，供学生练习或进行操作训练。在教学中还配用了大量的全国计算机等级考试真题和模拟试题，不断提高学生对相关知识和技能的掌握，最终达到通过认证考试获得相应的计算机等级证书的目的。

本书由高睿担任主编并完成了编写大纲、统稿和定稿工作。参与编写的人员分工如下：李珍编写第1、2章，罗伟编写第3章，高睿编写第4章，周兴裔编写第5、6章。

由于计算机硬件和软件不断更新换代，新技术、新方法层出不穷，并且编者水平有限，书中难免存在缺陷或不当之处，敬请读者批评指正。

编　者
2012 年 12 月

本教材配有教学课件，如有老师需要，请加 QQ 群（279806670）或发电子邮件至 zyjy@pup.cn 索取，也可致电北京大学出版社：010-62765126。

目　　录

第1章　计算机基础知识

考核要点

1. 计算机的概念、类型及其应用领域，计算机系统的配置及主要技术指标。
2. 数制的概念，二进制整数与十进制整数之间的转换。
3. 计算机的数据与编码。数据的存储单位（位、字节、字），西文字符与 ASCII 码，汉字及其编码（国标码）的基本概念。
4. 计算机的安全操作，病毒的概念及其防治。
5. 计算机硬件系统的组成和功能。CPU、存储器（ROM、RAM）以及常用的输入/输出设备的功能。
6. 计算机软件系统的组成和功能。系统软件和应用软件，程序设计语言（机器语言、汇编语言、高级语言）的概念。
7. 多媒体计算机系统的初步知识。

1.1　概　　述

1.1.1　计算机的定义

如今，计算机应用在越来越多的领域中，无论是神州八号飞船的控制、科学研究中的数据计算、工业企业中的生产管理、物流管理，还是在日常生活中的娱乐、网上购物、信息交流等方面，都大量应用计算机。所谓计算机（Computer）是电子数字计算机的简称，它是一台能存储程序和数据，并能自动执行程序的机器；是一种能对各种数字化信息进行处理，即进行收集、处理、存储和传递信息的工具。当前，人们学习生活中使用的计算机大多数为微型计算机，又称作个人计算机（Personal Computer，PC），但随着计算机硬件技术的飞速发展，微型计算机的性能完全能够满足数据处理、文字编辑、个人娱乐和信息沟通等方面的需求。

1.1.2　计算机的发展

1. 计算机的产生

世界上第一台计算机于 1946 年 2 月 15 日诞生，命名为"电子数字积分机和计算机"（Electronic Numerical Integrator and Calculator，ENIAC）。ENIAC 采用电子管为基本器件，使用了 16 种型号的 18 000 个真空管，1 500 个电子继电器，70 000 个电阻器，18 000 个电容器，面积 170 平方米，总重量 30 吨，耗电 140 千瓦。ENIAC 拥有 17 KB 的内存，字长12 位，能在 1 秒钟内完成 5 000 次加法运算，在 3/1 000 秒内完成两个 10 位数的乘法运算，价值 40 多万美元，是一个昂贵又耗电的庞然大物。ENIAC 的问世具有划时代的意义，预示着计算机时代的到来，奠定了计算机发展的基础，开辟了计算机科学技术的新纪元。

2. 冯·诺依曼式计算机

冯·诺依曼，美籍匈牙利人，美国国家科学院、秘鲁国立自然科学院和意大利国立林且学院等院的院士。1954 年任美国原子能委员会委员，1951—1953 年任美国数学会主席。冯·诺依曼首先提出在计算机内存储程序的概念，即用单一处理部件来完成计算、存储及通信工作。"存储程序"成了现代计算机的重要标志。

从 1944 年 8 月至 1945 年 6 月，在共同讨论的基础上，冯·诺依曼攥写了存储程序通用电子计算机方案——EDVAC（Electronic Discrete Variable Automatic Computer）报告，详细阐述了新型计算机的设计思想，奠定了现代计算机的发展基础。该报告直到现在仍被人们视为计算机科学发展史上里程碑式的文献。

在 EDVAC 报告中，冯·诺依曼提出以下三点。

（1）新型计算机采用二进制（原来采用十进制）。十进制使电路复杂、体积庞大。难以找到 10 个不同稳定状态的机械或电气元件，机器的可靠性较低。二进制使运算电路简单、体积小，实现两个稳定状态的机械或电器元件易找到，可靠性明显提高。

（2）采用"存储程序"的思想。程序和数据以二进制的形式统一存放在存储器中，由机器自动执行。不同程序解决不同问题，实现通用计算的功能。

（3）把计算机从逻辑上划分为 5 个部分：运算器、控制器、存储器、输入设备和输出设备。

1951 年，在极端保密的情况下，冯·诺依曼支持的 EDVAC 才宣告完成，不仅可以应用于科学计算，还可以用于信息检索领域。

EDVAC 用 3 563 只电子管和 10 000 只晶体二极管，采用 1 024 个 44 bit 水银延迟线装置来存储程序和数据，耗电和占地面积只有 ENIAC 的三分之一，速度比 ENIAC 提高了240 倍。

1946 年 6 月，冯·诺依曼等人在 EDVAC 方案的基础上，提出了更加完善的设计报告《电子计算机逻辑设计初探》。

以上两份文件的综合设计思想，即著名的"冯·诺依曼式计算机"（或存储程序式计算机）的核心是存储程序原则——程序和数据一起存储。这标志着电子计算机时代的真正开始，它指导着以后的计算机设计。

英国剑桥大学的威尔克斯（M. V. Wilkes）根据冯·诺依曼设计思想领导设计的EDSAC（电子延迟存储自动计算器），是真正实现存储程序的第一台电子计算机，并于1949 年 5 月制成投入运行。

由于存储程序工作原理是冯·诺依曼提出的，存储程序工作原理的计算机被称为"冯·诺依曼式计算机"。至今，多数计算机仍采用冯·诺依曼式计算机的组织结构。人们把"冯·诺依曼式计算机"当做现代计算机的重要标志，并把冯·诺依曼誉为"计算机之父"。

3. 计算机发展的四个阶段

从 ENIAC 的诞生到现在，已有半个多世纪。在这期间，计算机所用的电子器件经历了电子管、晶体管、集成电路、超大规模集成电路等阶段，使计算机的体积越来越小，功能越来越强，价格越来越低，应用领域越来越广泛。根据计算机所采用的主要物理器件，将计算机的发展划分成四个阶段，如表 1-1 所示。

表 1-1　计算机发展的四个阶段

发展阶段 性能指标	第一代 (1946—1958 年)	第二代 (1958—1964 年)	第三代 (1964—1971 年)	第四代 (1971 年至今)
逻辑元件	电子管	晶体管	中、小规模集成电路	大规模、超大规模集成电路
主存储器	磁芯、磁鼓	磁芯、磁鼓	半导体存储器	半导体存储器
辅助存储器	磁鼓、磁带	磁鼓、磁带、磁盘	磁带、磁鼓、磁盘	磁带、磁盘、光盘
处理方式	机器语言、汇编语言	作业连续处理、编译语言	实时、分时处理，多道程序	实时、分时处理，网络结构
运算速度（次/秒）	几千～几万	几万～几十万	几十万～几百万	几百万～百亿
主要特点	体积大，耗电大，可靠性差，价格昂贵，维修复杂	体积较小，重量轻，耗电小，可靠性较高	小型化，耗电少，可靠性高	微型化，耗电极少，可靠性很高

4. 计算机的发展表现为五个趋势

（1）巨型化。随着对计算机性能需求的不断提高，在天文、气象、宇航等尖端科学以及进一步探索的新兴科学如基因工程、生物工程等领域，越来越多的超大型计算机不断涌现，巨型机的运算速度可达每秒数千万次至数十亿次，处理速度极快、存储容量极大，在大范围统计、复杂的科学计算和数据处理等方面发挥着重要的作用。

（2）微型化。为了更好地融入人们的生活中，方便使用、结构紧凑、体积小的微型计算机于 1971 年出现，它以把构成计算机的中央处理器制作在一块集成电路芯片中的微型处理器为基础，提供着信息处理、多媒体播放、网络浏览等各种服务，并且从单片机逐步发展为个人计算机、专业工业控制机、笔记本电脑、嵌入式计算设备和掌上电脑等。

（3）网络化。计算机网络技术是在 20 世纪 60 年代末到 70 年代初开始发展起来的，它通过通信线路把不同地域的计算机连接起来，进行信息资源的共享和传递。其中 Internet 是目前世界上规模最大、用户最多、资源最丰富，几乎覆盖全球的计算机网络，提供着信息浏览、电子邮件、搜索引擎、网络通信、分布式应用等服务。受到网络技术的影响，现代计算机体现出越来越多的网络特性，在硬件和软件两个方面为网络应用提供了大量的支持和服务。

（4）多媒体化。多媒体是"以数字技术为核心的图像、声音与计算机、通信等融为一体的信息环境"的总称。随着计算机硬件和性能的不断提高，在计算机上实现视频、音频等多媒体应用变得越来越容易。计算机在进行图像处理、声音的采集和播放、视频编辑和制作中发挥作用，对多媒体处理进行专门强化的中央处理器、显示适配器等硬件不断涌现。

（5）智能化。智能化是指让计算机来模拟人的感觉、行为和思维过程，是用计算机模拟人脑的逻辑思维、逻辑推理，使计算机能自我学习，进行知识积累、知识重构和自我完善。相信随着这一技术的发展，科幻片中经常出现的人工智能很快会出现在实际生活中。

1.1.3　计算机的特点

现在，计算机与其他的计算工具有着本质的区别，它不仅可以进行高速的数学计算和信息处理，还具有超强的记忆能力和高可靠性的逻辑判断能力，可以完成图形图像处理、网络信息传递、辅助设计等复杂功能；之所以能够完成这些任务，是因为计算机具有如下的主要特点。

1. 运算速度快

运算速度是指计算机在单位时间内执行指令的平均速度。可以用每秒钟能完成多少次操作（如加法运算），或每秒钟能执行多少条指令来描述。随着半导体技术和超大规模集成电路技术的不断发展，计算机的速度已经从最初的每秒几千次发展到每秒几十万次、几百万次，甚至每秒几十亿次。

2. 精确度高

精确度主要表现为数据表示的位数，一般称为字长；字长越长精确度越高。微型计算机字长一般有 8 位、16 位、32 位、64 位等。在数学计算中都可以有十几位有效数字，因此能满足一般情况下对计算机精度的要求，一些大型机和巨型机拥有更高的计算精确度。

3. 具有"记忆"和逻辑判断能力

计算机不仅能进行计算，还可以把原始数据、中间结果、运算指令等信息存储起来，供使用者调用，这是与其他计算工具的一个重要区别。计算机能在运算过程中随时进行各种逻辑判断，并根据判断的结果自动决定下一步执行的命令。

4. 程序运行自动化

计算机具有"记忆"能力和逻辑判断能力，因而计算机内部的操作运算都是自动控制进行的。程序送入计算机后，计算机就在程序的控制下自动完成全部运算并输出运算结果，不需要人的干预。

1.1.4　计算机的应用

计算机以其卓越的性能和强大的生命力，在科学技术、国民经济、社会生活等各个方面都得到了广泛的应用，并且取得了明显的社会效益和经济效益。科学研究中的数学计算、工业企业中的生产控制、经营管理、日常生活中的通信交流、影音娱乐，计算机应用几乎包括人类的一切领域。根据计算机的应用特点，可以归纳为以下几大类。

1. 科学计算

利用计算机解决科学研究和工程设计等方面的数学计算问题，又称数值计算。科学计算的特点是计算量大，要求精确度高、结果可靠。利用计算机的高速性、大存储容量、连续运算能力，可以实现人工无法实现的各种科学计算问题。例如，建筑设计中的计算，各种数学、物理问题的计算，气象预报中气象数据的计算，地震预测。

2. 信息处理

信息处理又称数据处理，是指对大量信息进行存储、加工、分类、统计、查询等操作，形成有价值的信息。信息处理的计算方法比较简单，数据量比较大，包括数据的采集、记载、分类、排序、存储、计算、加工、传输、统计分析等工作，结果一般以表格或文件的形式存储或输出。一般泛指非科学计算方面的、以管理为主的所有应用，例如，企业管理、财务会计、统计分析、仓库管理、商品销售管理、资料管理、图书检索等。

3. 实时控制

实时控制又称过程控制，是指用计算机及时地采集、检测被控对象运行情况的数据，通过计算机的分析处理后，按照某种最佳的控制规律发出控制信号，控制对象过程的进行。实时控制通常用微控制器芯片或低档微处理器芯片，并做成嵌入式的装置。特殊情况下才用高级的独立计算机进行控制。在机械、冶金、石油化工、电力、建筑、轻工等各个部门得到广泛的应用，特别是卫星、导弹发射等国防尖端科学技术领域，更离不开计算机的实时控制。

4. 计算机辅助系统

计算机辅助系统包括计算机辅助设计（CAD）、计算机辅助制造（CAM）、计算机辅助教学（CAI）和计算机辅助测试（CAT）等。

CAD 是指利用计算机帮助设计人员进行设计，使设计工作实现自动化或半自动化。CAM 是指利用计算机进行生产设备的管理、控制和操作的过程。CAI 是指利用计算机辅助教师进行教学，把教学内容编成各种"课件"，学生可以选择不同的内容，使教学内容多样化、形象化，便于因材施教；如各种教学软件、试题库、专家系统等。CAT 是指利用计算机进行测试，如集成电路测试等。

将 CAD、CAM、CAT 技术有效地结合起来，可以使设计、制造、测试全部由计算机来完成，能够大大减轻科技人员和工人的劳动强度。

5. 系统仿真

系统仿真是利用模型来模拟真实系统的技术。通过仿真模型可以了解实际系统或过程在各种因素变化的条件下，其性能的变化规律。例如，将反映自动控制系统的数学模型输入计算机，利用计算机研究自动控制系统的运行规律；利用计算机进行飞行模拟训练、航海模拟训练、发电厂供电系统模拟训练等。

6. 办公自动化

办公自动化（OA）是指以计算机或数据处理系统来处理日常例行的各种事务工作，应具有完善的文字和表格处理功能，较强的资料、图像处理能力和网络通信能力，可以进行各种文档的存储、查询、统计等工作。例如，起草各种文稿，收集、加工、输出各种资料信息等。办公自动化设备除计算机外，一般还包括复印机、传真机、通信设备等。

7. 人工智能

人工智能又称智能模拟，它利用计算机系统模仿人类的感知、思维、推理等智能活动，是计算机智能的高级功能。人工智能研究和应用的领域包括模式识别、自然语言理解与生成、专家系统、自动程序设计、定理证明、联想与思维的机理、数据智能检索等。例如，用计算机模拟人脑的部分功能进行学习、推理、联想和决策；模拟名医生给病人诊病的医疗诊断专家系统；机械手与机器人的研究和应用等。

8. 电子商务和电子政务

通过计算机网络进行的商务和政务活动，是 Internet 技术与传统信息技术相结合产生的在 Internet 上展开网上相互关联的动态商务活动和政务活动。例如，当前比较流行的网络购物和网络支付等功能。

总之，计算机已在各个领域、各行各业中得到广泛的应用，其应用范围已渗透到科研、生产、军事、教学、金融银行、交通运输、农业林业、地质勘探、气象预报、邮电通信等各行各业，并且深入到文化、娱乐和家庭生活等各个领域，其影响涉及社会生活的各个方面。

1.1.5　计算机的分类

根据计算机的使用范围、规模和数据处理方式的不同，计算机有不同的分类方法。

1. 按计算机的规模分类

根据计算机的运算速度、字长、存储容量、软件配置等多方面的综合性能指标，计算机可以分为巨型机、大型机、小型机、微型机、工作站、服务器等。

（1）巨型机（Supercomputer）

巨型机又称超级计算机，是目前速度最快、处理能力最强、造价最昂贵的计算机。巨型机的结构是将许多微处理器以并行架构的方式组合在一起，运算速度可以达到每秒几万亿次浮点运算，容量相当大。主要用途是处理超标量的资料，如人口普查、天气预报、人体基因排序、武器研制等；主要使用者为大学研究单位、政府单位、科学研究单位等。我国研制的"银河"和"曙光"等代表国内最高水平的巨型机属于这类计算机。

（2）大型机（Mainframe）

大型机比巨型机的性能指标略低，其特点是大型、通用，较快的处理速度和较强的综合处理能力，速度可达每秒数千万次。它完善的指令系统、丰富的外部设备和功能齐全的软件系统，强调的重点在于多个用户同时使用。大型机一般作为大型"客户机/服务器"系统的服务器，或"终端/主机"系统中的主机，主要用于大银行、大公司、规模较大的高等学校和科研单位，处理日常大量繁忙的业务，如科学计算、数据处理、网络服务器和大型商业管理等。

（3）小型机（Minicomputer）

小型机的特点是规模小、结构简单、设计研制周期短、便于采用先进工艺、易于操作、便于维护和推广。它的应用范围很广，如工业自动控制、大型分析仪器、测量仪器、医疗设备中的数据采集、分析计算等，也可以用作大型机、巨型机的辅助机，广泛用于企业管理以及大学和研究机构的科学计算等。

（4）微型机（Microcomputer）

微型机又称个人计算机（Personal Computer，PC），简称微机，俗称电脑，是大规模集成电路的产物。它以微处理器为核心，配上存储器、接口电路等芯片组成。微型计算机具有体积小、重量轻、功耗小、价格低廉、适应性强和应用面广等优点，得到广泛的应用，成为现代社会不可缺少的重要工具。

（5）工作站（Workstation）

工作站是一种介于小型机和微型机之间的高档微型计算机。它有大容量的主存、大屏幕显示器，特别适合于计算机辅助工程。例如，图形工作站一般包括主机、数字化仪、扫描仪、鼠标器、图形显示器、绘图仪和图形处理软件等，可以完成对各种图形的输入、存储、处理和输出等操作。

（6）服务器（Server）

服务器是指具有强大的处理能力、容量很大的存储器，以及快速的输入/输出通道和联网能力，是一种在网络环境中为多个用户提供服务的共享设备。它根据提供的服务，可以分为文件服务器、邮件服务器、WWW 服务器、FTP 服务器等。

2. 按计算机使用范围分类

根据用途及其使用范围，计算机可以分为通用计算机与专用计算机。

（1）通用计算机。通用性强，有很强的综合处理能力，能够解决各种类型问题的计算机。

（2）专业计算机。功能单一，配备了解决特定问题的软、硬件，能够高速、可靠地解决特定的问题。

1.2　数制与编码

1.2.1　数制

数制是人们利用符号来记数的科学方法。在计算机中常用的数制有十进制、二进制、八进制和十六进制。

1. 十进制数

人们生活中最常用的是十进制，其中的十称作基数，指的是进位计数制表示一位数所需要的符号数目。十进制数由 0，1，2，3，4，5，6，7，8，9 这 10 个数字符号组成，基数为十，逢十进一。在十进制数中，同一个数字符号处在不同位置上所代表的值是不同的，例如数字 5 在个位上表示 5，在十位上表示 50，在小数点后 1 位则表示 0.5。数制中每一位所具有的值称为权或权值，一般是基数的若干次幂，每一位的数码与该位权的乘积表示该数值的大小。例如：

$$(123.456)_{10} = 1 \times 10^2 + 2 \times 10^1 + 3 \times 10^0 + 4 \times 10^{-1} + 5 \times 10^{-2} + 6 \times 10^{-3}$$

2. 二进制数

数值、字符、指令等信息在计算机内部的存放、处理和传递等，均采用二进制数的形式，对于二进制数，基数为 2，由 0，1 两个数字符号组成，逢二进一。在二进制数中，每一个数字符号在不同的位置上具有不同的值，各位上的权值是基数 2 的若干次幂。例如：

$$(10101)_2 = 1 \times 2^4 + 0 \times 2^3 + 1 \times 2^2 + 0 \times 2^1 + 1 \times 2^0 = (21)_{10}$$

3. 八进制数

对于八进制数，基数为 8，每一位上由 0，1，2，3，4，5，6，7 共 8 个数字符号组成，逢八进一。在八进制数中，每一位的权值是基数 8 的若干次幂。例如：

$$(324)_8 = 3 \times 8^2 + 2 \times 8^1 + 4 \times 8^0 = (212)_{10}$$

4. 十六进制数

在计算机中，十六进制数的应用也比较广泛，例如，在内存地址的编址、字符的 ASCII 码和汇编语言中的数值信息等都是采用十六进制数表示的。十六进制数的基数为 16，每一位上由 0，1，2，3，4，5，6，7，8，9，A，B，C，D，E 和 F 这 16 个数字符号组成，逢十六进一。在十六进制数中，每一位的权值是基数 16 的若干次幂。例如：

$$(4AF)_{16} = 4 \times 16^2 + 10 \times 16^1 + 15 \times 16^0 = (1199)_{10}$$

1.2.2　数制之间的转换

前面介绍了常用的四种数制，下面介绍一下各种数制之间的相互转换，常用的数制对照表见表 1-2。

表 1-2　常用数制对照表

十进制	二进制	八进制	十六进制	十进制	二进制	八进制	十六进制
0	0	0	0	9	1001	11	9
1	1	1	1	10	1010	12	A
2	10	2	2	11	1011	13	B
3	11	3	3	12	1100	14	C
4	100	4	4	13	1101	15	D
5	101	5	5	14	1110	16	E
6	110	6	6	15	1111	17	F
7	111	7	7	16	10000	20	10
8	1000	10	8				

1. 十进制数与二进制数、八进制数、十六进制数的转换

前面介绍四种数制的时候已经给出了二进制数、八进制数、十六进制数转换为十进制数的方法，下面介绍十进制数转换为二进制数的方法，而八进制数和十六进制数的转换方法可以为先将十进制数转换为二进制数，然后再转换为八进制和十六进制数。

将十进制整数转换成二进制整数采用"除 2 取余法"。具体方法为，将十进制数除以 2，得到商和余数；再将商除以 2，又得到商和余数；继续这一过程，直到商为零为止。每次得到的余数就是对应二进制数的各位数字。其中，第一次得到的余数为二进制数的最低位，最后一次得到的余数为二进制数的最高位。

【例 1-1】　将十进制数 117 转换成二进制数。

$$
\begin{array}{r|l l l}
2 & 117 & \text{余　数} & \\
2 & 58 & 1 & K_0 = 1 \\
2 & 29 & 0 & K_1 = 0 \\
2 & 14 & 1 & K_2 = 1 \\
2 & 7 & 0 & K_3 = 0 \\
2 & 3 & 1 & K_4 = 1 \\
2 & 1 & 1 & K_5 = 1 \\
  & 0 & 1 & K_6 = 1 \\
\end{array}
$$

即 $(117)_{10} = (K_6 K_5 K_4 K_3 K_2 K_1 K_0) = (1110101)_2$

若将十进制小数转换成二进制小数，则采用"乘 2 取整法"。具体方法是，将十进制的小数部分乘以 2，得到一个小数，取整数部分，再将剩余的小数部分继续乘以 2，又得到一个数，取整数部分；继续这一过程，直到小数部分为零为止。依次得到的整数部分就是最后的结果。

【例 1-2】 将十进制小数 0.375 转换成二进制数。

0.375   整 数

$$
\begin{array}{r}
0.375 \\
\times \qquad 2 \\
\hline
0.750
\end{array}
\qquad 0 \qquad K_{-1}=0
$$

$$
\begin{array}{r}
0.750 \\
\times \qquad 2 \\
\hline
1.500
\end{array}
\qquad 1 \qquad K_{-2}=1
$$

$$
\begin{array}{r}
0.500 \\
\times \qquad 2 \\
\hline
1.000
\end{array}
\qquad 1 \qquad K_{-3}=1
$$

即 $(0.375)_{10} = (K_{-1}K_{-2}K_{-3})_2 = (0.011)_2$

2. 十六进制数与八进制数转换为二进制数

由于 $2^4 = 16$，每 4 位二进制数相当于一位十六进制数，因此十六进制数转换成二进制数的方法是，每位十六进制数用相应的四位二进制数替换。

【例 1-3】 将十六进制数 $(4AF)_{16}$ 转换为二进制数。

$(\quad 4 \qquad A \qquad F\quad)_{16}$
$(0100 \quad 1010 \quad 1111)_2$

即 $(4AF)_{16} = (010010101111)_2$

由于 $2^3 = 8$，每 3 位二进制数相当于一位八进制数，八进制数转换成二进制数的方法是，每位八进制数用相应的三位二进制数替换。

【例 1-4】 将八进制数 $(436.271)_8$ 转换为二进制数。

$(\quad 4 \quad 3 \quad 6\quad .\quad 2 \quad 7 \quad 1\quad)_8$
$(100 \quad 011 \quad 110\quad .\quad 010 \quad 111 \quad 001)_2$

即 $(436.271)_8 = (100011110.010111001)_2$

3. 二进制数转换为十六进制数与八进制数

二进制数转换为十六进制数的方法是，以小数点为界，分别向左、向右每 4 位二进制数分成一组，不足 4 位时用 0 补足 4 位，然后每组转换成 1 位十六进制数。

【例 1-5】 把 $(101011001.1101001)_2$ 转换成十六进制数。

4 位一组，在整数部分的最高位之前补 3 个 0，在小数部分最低位之后补 1 个 0，得到：

$(0001\ 0101\ 1001\quad .1101\ 0010)_2$
$(\quad 1 \qquad 5 \qquad 9\qquad .\quad D \quad 2\quad)_{16}$

即 $(101011001.1101001)_2 = (159.D2)_{16}$

二进制数转换为八进制数的方法基本与十六进制数相同，不过是以 3 位数为一组。

【例 1-6】 把 $(101011001.1101001)_2$ 转换成八进制数。

3 位一组，在整数部分不需要补 0，在小数部分最低位之后补两个 0，得到：

$(101\ 011\ 001\ \ .\ 110\ 100\ 100)_2$

$(\ \ 5\quad 3\quad 1\ \ .\ 6\quad 4\quad 4\ \ )_8$

即 $(101011001.1101001)_2 = (531.644)_8$

1.2.3　字符编码

字符是不可以进行算术运算的数据，包括西文字符（各种字母、数字、各种符号）和中文字符。字符是计算机的主要处理对象，由于计算机中的数据都是以二进制的形式存储和处理的，字符也必须按特定的规则进行二进制编码才能进入计算机。字符的二进制编码即规定如何用二进制数码来表示字母、数字以及专门符号。

1. ASCII 码

ASCII 码（American Standard Code for Information，美国信息交换标准码）是目前在微型计算机中使用最普遍的西文字符编码。

ASCII 码用 7 位二进制数来表示 128 个符号，其中包括 10 个数码，52 个大、小写英文字母，32 个标点符号、运算符和 34 个控制码等。例如，"A"的 ASCII 码是 65，"a"的 ASCII 码是 97（详见本书附录）。

2. 汉字编码

用计算机处理汉字时，必须先将汉字代码化，即对汉字进行编码。根据汉字编码的使用范围可分为输入码、内码、字形码。

汉字输入码又称为外码，是将汉字输入计算机所使用的汉字编码，主要包括数字码（区位码）、音码（全拼、双拼）、字形码（五笔）、混合码等，各种汉字输入法就是使用上述编码将汉字输入到计算机中。不同的输入法对同一个汉字的输入码不一定是相同的，但无论用哪一种输入法输入，汉字在计算机内部都将转换成唯一的机内码。

汉字内码又称机内码，是在计算机内部进行存储、传输和加工时所用的统一机内代码。一般用两个字节表示一个汉字，每个字节的最高位为 1。一个汉字的机内码是由国标码加上十六进制数 8080H 得到的，其中，国标码是我国规定的信息交换用的标准汉字交换码（GB 2312—80 信息交换用汉字编码字符基本集）。基本集收录汉字共 6 763 个，分为两级，一级汉字 3 755 个，属于常用字，按汉语拼音顺序排列；二级汉字 3 008 个，为非常用字，按部首排列。例如汉字"啊"的国标码为 3021H，其机内码为 B0A1H（3021H + 8080H）。

汉字字形码是汉字输出的形式，通常用点阵、矢量函数等方式表示。根据输出汉字的要求不同，点阵的多少也不同，常见有 16 × 16 点阵、24 × 24 点阵、32 × 32 点阵、48 × 48 点阵等。字模点阵占用的存储空间很大，只能用来构成汉字字库，不能用于机内存储。汉字字库存储每个汉字的点阵代码，只有在显示输出汉字时才检索字库，输出字模点阵得到汉字字形。

3. 计算机中数据存储的组织形式

计算机内所有的信息都是以二进制形式存放的。这些数据存放的最小单位是位（bit，

b）。代表一位二进制数，只能有两个数值 0 或 1。由于这个数据单位过小，在计算机中，一般采用字节（Byte，B）作为基本单位来度量存储容量，一个字节由 8 个二进制位组成。一个英文字母用 1 个字节表示，一个汉字用两个字节表示。

计算机中一般以一组二进制代码作为整体来传送和处理数据，这一组二进制数码称为一个字（Word），又称为一个计算机字。一个计算机字包含的二进制代码个数称为字长，一般是字节的若干倍。计算机中常用的字长有 8 位、16 位、32 位、64 位等。一个字可以用来存放一条指令或存放一个数据，较长的字长可以处理更多的信息。字长是衡量计算机性能的一个重要指标，例如，2009 年左右主流计算机为 32 位机，而现在计算机大多为 64 位机，指的就是计算机的字长，即 CPU 一次可以同时处理二进制数据的位数。

1.3　计算机系统组成

1.3.1　计算机系统组成

计算机系统包括硬件系统和软件系统两大部分，图 1-1 是计算机系统的基本组成。

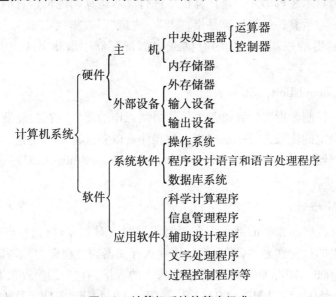

图 1-1　计算机系统的基本组成

计算机硬件系统是指构成计算机的所有实体部件的集合，例如，显示器、键盘、CPU、硬盘这些摸得着看得见的计算机部件。计算机软件系统是指在硬件设备上运行的各种程序以及有关资料，例如，操作系统、电子教案、程序设计软件、会计电算化软件等。总的来说，硬件是计算机的躯体，软件是计算机的灵魂，只有软件没有硬件的计算机不可能存在，只有硬件没有软件的计算机没有任何功能，称作"裸机"，二者是缺一不可的。

1.3.2　计算机硬件系统组成

根据冯·诺依曼 1946 年提出的计算机组成和工作方式的基本思想，整个计算机硬件系统可分为运算器、控制器、存储器、输入设备、输出设备五大部分，也称计算机的五大部件。如图 1-2 所示，这五部分的功能分别介绍如下。

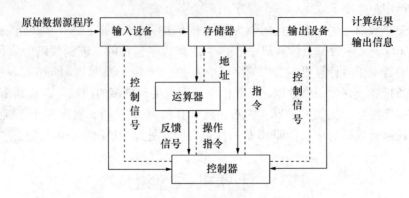

图 1-2　计算机硬件系统组成

1. 运算器（Arithmetic Logical Unit，ALU）

运算器又称为算术逻辑单元，是计算机中进行算术运算和逻辑运算的部件。算术运算是指加、减、乘、除运算；逻辑运算是指"与"、"或"、"非"、"比较"、"移位"等操作。运算器在控制器的控制下，从内存储或内部寄存器中取出数据并进行算术或逻辑运算。

2. 控制器（Control Unit，CU）

控制器是统一控制和指挥计算机各个部件协调工作的部件。在控制器的控制下，计算机自动按照程序设定的步骤进行一系列指定的操作，以完成特定的任务。

运算器和控制器合称为中央处理器（Central Processing Unit，CPU），是计算机系统的核心部件。

3. 存储器（Memory）

存储器是存储程序和数据的部件。在控制器控制下对数据进行存/取操作。其中把数据从存储器中取出的过程称为"读"，把数据存入存储器的过程称为"写"。

存储器用 B、KB、MB、GB 和 TB 等表示较大的容量，它们的换算关系如下。

$$1 \text{ KB} = 1\,024 \text{ B}，1 \text{ MB} = 1\,024 \text{ KB}，1 \text{ GB} = 1\,024 \text{ MB}，1 \text{ TB} = 1\,024 \text{ GB}$$

存储器也是计算机的主要组成部件，按照存储器在计算机系统中的位置分为内存储器（内存）和外存储器两种。

（1）内存储器。又称主存储器（主存），由半导体器件构成，可以由 CPU 直接访问，存取速度快，存储容量相对于外存储器较小，它与中央处理器合在一起称为主机。为对内存的数据进行有效的管理和存取，内存划分为一个个存储单元，每个存储单元存放一组二进制代码（数据或指令）。

每个存储单元都有一个唯一的编号，称作地址。每个存储单元存放一个字节的数据。通过地址可以从对应存储单元取出数据或向对应的存储单元存入数据。

内存分为只读存储器和随机存储器两类。只读存储器（Read Only Memory，ROM），只能读出其中的数据，不能写入新的数据。即使中断电源，数据也不会丢失，一般用来存放固定的、控制计算机的系统程序和参数表等。随机存取存储器（Random Access Memory，RAM），既可读出其中的数据，也可修改其中的数据或写入新的数据。如果中断电源，则存放的数据将全部丢失。

随着 CPU 工作频率的不断提高，RAM 的读写速度相对 CPU 较慢，为了解决内存速度与 CPU 速度不匹配而影响系统运行速度的问题，在 CPU 与内存之间设计了一个容量较小但速度较高的高速缓冲存储器（Cache），在内存和 CPU 之间，用来存放当前正在执行的程序中使用频率很高的活跃部分，以便快速地向 CPU 提供指令和数据，使访问存储器的速度与 CPU 的速度相匹配。

（2）外存储器（辅助存储器）。一般由磁性或光性材料构成，如软磁盘、硬磁盘、磁带、光盘等。外存储器的存取速度慢、存储容量相对于内存大，可长久保存大量的信息。外存中的程序和数据必须先装入内存，CPU 才可以处理。

4. 输入设备

输入设备用来接收用户输入的原始数据和程序。

5. 输出设备

输出设备将存放在计算机中的信息（包括程序和数据）传送到外部媒介。外存储器、输入设备和输出设备统称为计算机的外部设备，简称外设。

1.3.3　计算机软件系统组成

软件是指程序以及开发、使用和维护程序所需要的所有文档的集合。计算机软件可以分为系统软件和应用软件两大类。

1. 系统软件

系统软件是管理、监控和维护计算机的各种资源，使其充分发挥作用以提高工作效率，方便用户使用的各种程序的集合。它主要有操作系统、程序设计语言和语言处理程序、数据库管理系统三种。

（1）操作系统（Operating System，OS）。控制和管理计算机硬件、软件和数据等资源，方便用户有效地使用计算机的程序集合，是任何计算机都不可缺少的软件，是用户与计算机之间的接口。

（2）程序设计语言。程序设计语言是用于编写计算机程序的代码的集合，它包括机器语言、汇编语言和高级语言三种。其中，机器语言是指能够直接被 CPU 识别并运行的以数字代码表示的指令序列。用机器语言编写的程序执行效率高，但存在着编程费力、费时，不便于记忆、阅读等缺点。汇编语言是一种符号化的机器语言，具有编制程序的效率不高，难度较大，维护较困难等缺点。高级语言与自然语言和数学语言更为接近，可读性强、编程方便，但在运行之前需要进行编译、连接成计算机可以识别的机器语言代码。常用的高级语言有 BASIC、C、JAVA 等。

（3）数据库管理系统（DBMS）。数据库管理系统主要面向解决数据处理的非数值计算问题，目前主要用于档案管理、财务管理、图书资料管理及仓库管理等方面的数据处理。常见的数据库管理系统有 Foxpro、DB2、Oracle、Informix、SQL Server、Sybase 等。

2. 应用软件

应用软件是指计算机用户利用计算机及其提供的系统软件，为解决某一专门的应用问题而编制的计算机程序。应用软件是多种多样的，例如，科学计算、工程设计、文字处理、辅助教学、网络通信等方面的程序。

1.4　微型计算机的硬件系统

1.4.1　微型计算机的基本结构

微型计算机是大规模集成电路技术与计算机技术相结合的产物。从外观上看，微型计算机由主机、显示器、键盘和鼠标等组成，如图1-3所示，根据需要还可以配备打印机、扫描仪和音箱等外部设备。

打开微型计算机的主机箱，可以看见系统主板以及安装在主板上的中央处理器（CPU）、内存储器、输入/输出接口等，机箱中还安装了硬盘存储器、光盘驱动器、电源等。

图1-3　微型计算机的外观

1.4.2　中央处理器

图1-4　中央处理器

微型计算机的中央处理器（CPU）又称微处理器，如图1-4所示。负责完成指令的读出、解释和执行，是微型机的核心部件。CPU主要由运算器、控制器、寄存器组等组成，有的还包含高速缓冲存储器。

美国Intel公司是最大的CPU制造厂家，制造了Intel X86系列的CPU，包括8086、8088、80286、80386、80486、Pentium、Pentium II、Pentium III、Pentium IV等。除了Intel公司外，较著名的微处理器生产厂家还有AMD公司、Cyrix公司、IBM公司等。

1.4.3　内存储器

内存储器简称内存，用来存放 CPU 运行时需要的程序和
数据。内存分为只读存储器（ROM）和随机存取存储器（RAM）两类。人们平时所说的
内存一般是指 RAM，RAM 中保存的数据
在电源中断后将全部丢失。由于内存直
接与 CPU 进行数据交换，存取速度要求
与 CPU 的处理速度相匹配。

目前微型计算机的主板大多采用
DDR2 接口的内存（如图 1-5 所示）。

图 1-5　内存储器

1.4.4　输入/输出设备

1. 输入设备

输入设备是指将程序和数据送入计算机进行处理的外部设备。最基本的输入设备是键
盘和鼠标器，常见的输入设备还有图形扫描仪、光笔、读卡器等。

2. 输出设备

输出设备是指将主机的处理结果通过打印、显示等方法展示给用户的设备。微型机最
基本的输出设备是显示器和打印机，常见的输出设备还有绘图仪、音箱等。

3. 显示器

显示器分为阴极射线管（CRT）显示器和液晶显示器（LCD）。CRT 显示器的工作原
理与电视机的工作原理相似，主要参数有分辨率、颜色数等。屏幕上显示的字符或图形由
像素组成，像素数量决定显示的效果。

显示分辨率是指垂直方向和水平方向可显示的像素点数。分辨率越高，显示的图像越
清晰。例如，分辨率 640×480，表示在水平方向可以显示 640 个像素，在垂直方向可以显
示 480 个像素，整个屏幕可以显示 $640 \times 480 = 307\,200$ 个像素。像素间距离（点距，单位
为 mm）越小，图像显示的清晰度越好，常见显示器的点距有 0.31 mm、0.28 mm 等。分辨
率的提高受显示器尺寸和刷新频率等的限制。颜色数是指在当前分辨率下能同时显示的色
彩数量。彩色显示器可以显示的颜色数与显示卡有关。

显示器通过显示卡与系统主板相连接。显示卡的主要性能指标是分辨率、颜色数、刷
新频率（影像在显示器上更新的速度）等。显示卡中显示内存的容量对显示卡性能有直接
影响。

4. 打印机

打印机是将主机处理结果以书面形式打印到纸介质上的输出设备。打印机通过电缆线
连接在主机的并行接口上。主要技术指标有分辨率、打印速度、噪声等。

打印机按印字方式可分为串行式打印机（逐个字符打印）、行式打印机（逐行字符打
印）和页式打印机（以页为单位打印）三类；按印字技术可分为击打式打印机和非击打
式打印机两类；按印字色彩可分为单色打印机和彩色打印机两类。

微型计算机配置的打印机主要有针式打印机（击打式）、喷墨打印机（非击打式）和
激光打印机（非击打式）等。

（1）针式打印机

根据点阵原理而设计，针式打印机的打印头中有纵向排成单列或双列的一组钢针，打印时钢针撞击色带，把色带上的颜料印到纸上形成墨点，墨点以点阵方式形成字符或图形。按照打印头中钢针个数可分为 9 针、24 针等。针式打印机的特点是结构简单、价格低、噪声大、打印速度慢、打印质量不高。

（2）喷墨打印机

喷墨打印机的打印头由很多精细的喷墨口组成，打印时墨水由喷墨口喷到纸面上形成字符或图形。喷墨打印机的特点是噪声小、打印分辨率高、价格较便宜。

（3）激光打印机

激光打印机是激光扫描技术和电子照相技术相结合的高精度输出设备。激光打印机的特点是速度快、无噪声、分辨率高、价格较贵。

1.4.5　主板和总线

1. 主板（Mainboard）

主板又称系统板、母板等是微型计算机的核心部件，如图 1-6 所示。它是安装在主机机箱内的一块多层印刷电路板，外表两层印刷信号电路，内层印刷电源和地线。主板上有各种插槽、接口、电子元件，以及系统总线。主板性能对微机的总体指标将产生举足轻重的影响。

图 1-6　计算机主板

主板一般集成了串/并行口、键盘/鼠标接口、USB 接口、软驱接口和增强型（EIDE）硬盘接口（连接硬盘、IDE 光驱等设备），并设有内存插槽等。

主板上设有 CPU 插座，除 CPU 以外的主要功能一般都集成到一组大规模集成电路芯片上，这组芯片名常用做主板名。芯片组与主板的关系像 CPU 与整机一样，芯片组提供了主板上的核心逻辑，直接影响主板甚至整机的性能。主板上一般有 6 ～8 个扩展插槽，是主机通过总线与外部设备连接的部分，扩展插槽数反映了系统的扩展能力。

2. 总线（Busline）

总线是微型计算机中各硬件组成部件之间传递信息的公共通道，各组成部件通过系统总线相互连接而形成计算机系统。总线分为内部总线和外部总线两种，其中内部总线负责在 CPU 内部传输数据；外部总线负责 CPU 与内存和输入/输出设备接口间传输数据。通常说的总线一般指外部总线。

总线是整个微机系统的"大动脉"，对系统的功能和数据传送速度有极大的影响。一定时间内可传送的数据量称为总线的带宽，数据总线的宽度与计算机系统的字长有关。

1.4.6　微型计算机的主要技术指标

1. 字长

字长是指微机的 CPU 在一次操作中能直接处理的二进制位数，体现了 CPU 处理数据的能力。字长越长，运算能力越强，表示数值范围越大，表示的数值有效位数也越多，计算的精度越高，结构也越复杂。

2. 主频

主频是指 CPU 的时钟频率，单位是 MHz（兆赫兹）。主频决定了微机的处理速度，主频越高，一个时钟周期完成指令数越多，CPU 速度越快。外频是计算机系统总线的工作频率。倍频是指 CPU 外频与主频相差的倍数。三者之间的关系为：主频＝外频×倍频。

3. 内存容量

内存容量是指内存储器能够存储信息的总字节数。内存容量越大，存储程序和数据量越大，处理能力越强。

4. 存取周期

存取周期是指存储器完成连续两次存（或取）操作的最短时间间隔。存取周期反映存储器的存取速度。存取周期越短，存取速度越快。

5. 运算速度

运算速度是指微机每秒钟能执行的指令数。微机执行不同的指令所需的时间不同，运算速度有不同的计算方法。例如，每秒可执行多少次加法运算或每秒执行百万条指令数（MIPS，百万条指令/秒）。后一种方法根据各种指令使用的频度、每一种指令的执行时间计算得出平均速度，并用该平均速度衡量微机的运算速度。平均运算速度用加权平均法求得。

1.5　多媒体技术

1.5.1　多媒体技术概述

1. 媒体

媒体（Medium）在计算机领域中有两种含义，一是存储信息的载体，如磁盘、光盘、磁带和半导体存储器等存储设备；二是表示信息的载体（或称信息的表现形式），如文本、声音、图形、图像、视频、动画等形式，可向人们传递各种信息。多媒体技术中的媒体是指后者。

2. 多媒体

多媒体（Multimedia）是指用计算机技术将文字、声音、图形、图像等信息媒体集成到同一个数字化环境中，形成一种人机交互、数字化的信息综合媒体。多媒体的基本元素主要有文本、图形、图像、动画、音频、视频等。

3. 多媒体技术

多媒体技术基于计算机技术处理多种信息媒体的综合技术，包括数字化信息的处理技术、多媒体计算机系统技术、多媒体数据库技术、多媒体通信技术和多媒体人机界面技术等。多媒体技术具有集成性、交互性、数字化、可控制性、实时性、非线性等特点。多媒体的关键技术包括数据压缩技术、大规模集成电路（VLSI）制造技术、CD-ROM 大容量光盘存储器、实时多任务操作系统等。

1.5.2　多媒体计算机

1. 多媒体计算机

多媒体计算机（Multimedia Personal Computer，MPC）是具有多媒体处理功能的个人计算机，它的硬件结构与一般所用的 PC 并无太大的差别，只不过多了一些软硬件配置。现在用户所购买的个人计算机绝大多数都具有一定的多媒体应用功能。

2. 多媒体计算机的配置

在普通 PC 的基础上，根据多媒体应用的实际情况，可以增加下列的几种多媒体应用设备。

（1）光盘驱动器。光盘是一种大容量外存储设备，适用于存储、传递多媒体信息。

（2）音频卡。即音频输入/输出接口，用于连接计算机和音频输入/输出设备，可以连接话筒、音频播放设备、耳机、扬声器等。

（3）图形加速卡。用于辅助 CPU 进行图形、图像处理的设备，使计算机能够显示分辨率更高、色彩更丰富的图像。

（4）视频卡。视频卡的功能是对视频信号进行捕获、存储、播放等处理，为电视、摄像机等视频设备提供接口和集成能力。

（5）交互控制接口。用于连接触摸屏、鼠标、光笔等人机交互设备。

1.5.3　多媒体技术的应用

多媒体技术的广泛应用给人们的日常生活、工作和学习带来了显著的变化，其应用主要体现在以下几个方面。

1. 商业领域

多媒体技术在商业领域广泛应用。在商业宣传、商业广告、商品展示、装修公司的室内装修方案等大量应用图形、图像、音频、视频处理、三维图形图像设计等多媒体技术。

2. 娱乐与游戏

多媒体技术使计算机里面的声音、图像、文字融为一体。使用计算机既能听音乐，又能看电视节目，把家庭文化生活带进一个更加美好的境地。多媒体技术同样也使电子游戏变得画面逼真、角色形象生动，引人入胜。不少开发人员充分发挥多媒体技术的优势，开发出声像俱佳的游戏效果。

3. 教育领域

多媒体技术给教育领域带来了巨大的变化，采用多媒体技术制作的电子课件、网络课程等，使教学模式和教学载体变得更加通俗易懂、生动活泼，具有良好的交互性，激发了学生的学习兴趣，提高了教学效率和质量。

4. 多媒体会议

多媒体会议在如今的工作中已经得到普遍应用，多媒体会议系统可以使身处异地的多方人士通过多媒体网络相互沟通、研究问题、协同工作，这种方便快捷的远程合作方式既能减少人员往返的劳累，又能节约能源和工作时间。

总之，多媒体技术的应用使我们的工作、学习和生活变得更加高效、更加丰富多彩，随着这一技术的不断发展，未来多媒体技术必将给信息社会发展带来更大的促进。

1.6　计算机病毒及其防治

1.6.1　计算机病毒

计算机病毒是一种为了某种目的而蓄意编制的，可以自我繁殖、传播，具有破坏性的计算机程序。它会感染存储介质上的数据，从而导致数据丢失和破坏，甚至整个计算机系统完全崩溃，近来更有损坏硬件的病毒出现。计算机病毒严重地威胁着计算机信息系统的安全，有效地预防和控制计算机病毒的产生、蔓延，清除入侵到计算机系统内的计算机病毒，是用户必须关心的问题。

1.6.2　计算机病毒的特点

1. 隐蔽性

一些广为流传的计算机病毒都隐藏在合法文件中。一些病毒以合法的文件身份出现，如电子邮件病毒，当用户接收邮件时，同时也收下病毒文件，一旦打开文件或满足发作的条件，将对系统造成影响。当计算机启动时，病毒程序从磁盘上被读到内存常驻，使计算机染上病毒并有传播的条件。

2. 传染性

计算机病毒能主动地将自身的复制品或变种传染到系统其他程序上。当用户对磁盘操作时，病毒程序通过自我复制很快传播到其他正在执行的程序中，被感染的文件又成了新的传染源，在与其他计算机进行数据交换或是通过网络接触时，计算机病毒继续传染，产生连锁反应，造成病毒的扩散。

3. 潜伏性

病毒程序侵入系统后，一般不会马上发作，可长期隐藏在系统中，不会干扰计算机正常工作，只有在满足特定条件时，才执行破坏功能。

4. 破坏性

病毒只要入侵系统，都会对计算机系统及应用程序产生不同程度的影响。轻则降低计算机工作效率，占用系统资源；重则破坏数据，删除文件或加密磁盘、格式化磁盘，系统崩溃，甚至造成硬件的损坏等。病毒程序的破坏性会造成严重的危害，不少国家包括我国都把制造和有意扩散计算机病毒视为一种刑事犯罪行为。

5. 寄生性

计算机病毒一般不单独存在，必须寄生在合法的程序上，这些合法程序包括引导程序、系统可执行程序、一般应用文件等。

1.6.3 计算机病毒的防治

1. 计算机病毒的预防

堵塞计算机病毒传播渠道是防止计算机病毒传染的最有效方法。网络时代的信息传送和交换非常频繁，十分容易传播病毒，同时也便于用户通过网络及时了解新病毒的出现，从网络上更新、下载新的杀病毒软件。预防病毒较好的方法是借助主流的防病毒卡或软件；对计算机病毒的防治、检查和清除病毒的三个步骤中，防是重点，查是防的重要补充，而清除是亡羊补牢。

2. 计算机病毒的检测

要正确消除计算机病毒，首先必须对计算机病毒进行检测。一般来说，计算机病毒的发现和检测是一个比较复杂的过程，许多计算机病毒隐藏得很巧妙。病毒侵入计算机系统后，系统经常会有一些外部表现，可作为判断的依据。

3. 计算机病毒的清除

消除计算机病毒一般有两种方法：人工消除方法和软件消除方法。

（1）人工消除方法。一般只有专业人员才能进行，利用实用工具软件对系统进行检测，消除计算机病毒。用人工消除病毒容易出错，操作不慎会导致系统数据的破坏和丢失，而且这种方法要求用户对计算机系统非常熟悉。

（2）软件消除方法。利用专门的防治病毒软件进行检测和消除。常见的软件有金山毒霸、瑞星杀毒软件、KV 系列杀毒软件、Norton Antivirus 等。

习　　题

一、选择题

1. 世界上第一台电子计算机诞生于（　　）年。
    A. 1952   B. 1946   C. 1939   D. 1958

2. 计算机的发展趋势是（　　）、微型化、网络化和智能化。
    A. 大型化   B. 小型化   C. 精巧化   D. 巨型化

3. 核爆炸和地震灾害之类的仿真模拟，其应用领域是（　　）。
    A. 计算机辅助   B. 科学计算
    C. 数据处理   D. 实时控制

4. 二进制数 110000 转换成十六进制数是（　　）。
    A. 77   B. D7   C. 70   D. 30

5. 在计算机内部对汉字进行存储、处理和传输的汉字编码是（　　）。
    A. 汉字信息交换码   B. 汉字输入码

    C. 汉字内码　　　　　　　　　　　　　D. 汉字字形码

6. 计算机最主要的工作特点是（　　）。

    A. 有记忆能力　　　　　　　　　　　　B. 高精度与高速度

    C. 可靠性与可用性　　　　　　　　　　D. 存储程序与自动控制

7. Word 字处理软件属于（　　）。

    A. 管理软件　　　B. 网络软件　　　　C. 应用软件　　　　D. 系统软件

8. 计算机采用的主机电子器件的发展顺序是（　　）。

    A. 晶体管、电子管、中小规模集成电路、大规模和超大规模集成电路

    B. 电子管、晶体管、中小规模集成电路、大规模和超大规模集成电路

    C. 晶体管、电子管、集成电路、芯片

    D. 电子管、晶体管、集成电路、芯片

9. 专门为某种用途而设计的计算机，称为（　　）计算机。

    A. 专用　　　　　B. 通用　　　　　　C. 特殊　　　　　　D. 模拟

10. CAM 的含义是（　　）。

    A. 计算机辅助设计　　　　　　　　　　B. 计算机辅助教学

    C. 计算机辅助制造　　　　　　　　　　D. 计算机辅助测试

11. 下列描述中不正确的是（　　）。

    A. 多媒体技术最主要的两个特点是集成性和交互性

    B. 所有计算机的字长都是固定不变的，都是 8 位

    C. 计算机的存储容量是计算机的性能指标之一

    D. 各种高级语言的编译系统都属于系统软件

12. 将十进制 257 转换成十六进制数是（　　）。

    A. 11　　　　　　　B. 101　　　　　　C. F1　　　　　　　D. FF

13. 下面不是汉字输入码的是（　　）。

    A. 五笔字形码　　　　　　　　　　　　B. 全拼编码

    C. 双拼编码　　　　　　　　　　　　　D. ASCII 码

14. 计算机系统由（　　）组成。

    A. 主机和显示器

    B. 微处理器和软件

    C. 硬件系统和应用软件

    D. 硬件系统和软件系统

15. 计算机运算部件一次能同时处理的二进制数据的位数称为（　　）。

    A. 位　　　　　　　B. 字节　　　　　　C. 字长　　　　　　D. 波特

16. 计算机软件系统包括（　　）。

    A. 系统软件和应用软件　　　　　　　　B. 程序及其相关数据

    C. 数据库及其管理软件　　　　　　　　D. 编译系统和应用软件

17. 计算机硬件能够直接识别和执行的语言是（　　）。

    A. C 语言　　　　B. 汇编语言　　　　C. 机器语言　　　　D. 符号语言

18. 计算机病毒实质上是（　　）。

    A. 一些微生物　　B. 一类化学物质　　C. 操作者的幻觉　　D. 一段程序

二、填空题

1. 计算机的特点是（　　）、（　　）、（　　）和（　　　）。

2. 计算机硬件系统包括（　　）、（　　）、（　　）、（　　）和（　　）五部分，其中（　　）和（　　）称为中央处理器，中央处理器与（　　）称为主机。

3. 一个完整的计算机系统由（　　）和（　　）两部分组成。

4. 计算机软件系统又分为（　　）和（　　），其中程序设计语言属于（　　）软件。

5. 内存储器的每一个存储单元都被赋予一个唯一的编号，称作（　　　）。

6. 微型计算机的存储容量一般是以 KB 为单位，这里的 1KB 等于（　　）字节，再大一些的单位有 MB 和 GB，其中，1MB 等于（　　）KB，1 GB 等于（　　）KB。

7. 数制转换。

$(19)_{10}$ =（　　）$_2$ =（　　）$_8$ =（　　）$_{16}$；

$(29)_{10}$ =（　　）$_2$ =（　　）$_8$ =（　　）$_{16}$；

$(1011010)_2$ =（　　）$_{10}$ =（　　）$_8$ =（　　）$_{16}$；

$(2C)_{16}$ =（　　）$_2$ =（　　）$_8$ =（　　）$_{10}$；

8. 目前微机中最常用的两种输入设备是（　　）和（　　）。

三、简答题

1. 简述计算机系统的组成。

2. 简述计算机的特点。

3. 常见的微型计算机系统包括哪些部件？

4. 微型计算机都有哪些主要技术指标？

5. 简述多媒体计算机的概念和应用领域。

6. 简述计算机病毒的特点。

第 2 章　Windows XP 操作系统

 考核要点

1. 操作系统的基本概念、功能、组成和分类（DOS、Windows、UNIX、LINUX）。

2. Windows 操作系统的基本概念和常用术语，文件、文件名、目录（文件夹）、目录（文件夹）树和路径等。

3. Windows 概述、特点和功能、配置和运行环境。

4. Windows【开始】按钮、【任务栏】、【菜单】、【图标】等的使用。

5. 应用程序的运行和退出。

6. 掌握资源管理系统【我的电脑】或【资源管理器】的操作与应用。文件和文件夹的创建、移动、复制、删除、更名、查找、打印和属性设置。

7. 软盘格式化和整盘复制，磁盘属性的查看等操作。

8. 中文输入法的安装、删除和选用。

9. 快捷方式的设置和使用。

2.1　操作系统

2.1.1　操作系统概述

操作系统是控制和管理计算机系统内的各种硬件和软件资源、有效地组织多道程序运行的程序集合，是用户与计算机之间的接口。

操作系统是配置在计算机硬件上的第一层软件，是计算机系统中最重要的系统软件，其他所有的软件如各种程序设计语言、系统服务程序等系统软件以及大量的应用软件，都要依赖于操作系统的支持和服务。操作系统能将用户要做的事情转变成计算机能够识别的命令，指挥计算机进行工作，这样用户就可以利用计算机系统完成文字处理、电子表格或浏览网页等工作。

操作系统的功能包括：处理机管理、存储器管理、设备管理和文件管理 4 个功能。此外，为了方面用户使用操作系统，还须向用户提供一个使用方便的用户接口。

2.1.2　操作系统分类

由于计算机硬件技术的发展以及对计算机的应用要求不同，操作系统种类繁多，很难用单一标准分类。按使用环境分为批处理系统、分时系统和实时系统；按用户数目分为单用户系统和多用户系统；按硬件结构分为网络操作系统、多媒体系统和分布式系统。

典型的操作系统有 DOS、UNIX、LINUX、Netware 和 Windows 系列等。其中，Windows

系列凭其友好的界面、出色的性能获得了计算机操作系统市场最大的份额，是最普及和最受欢迎的操作系统。

2.2　Windows 的基本知识

Windows 是目前微型计算机上普遍使用的图形用户界面的操作系统，是美国 Microsoft（微软）公司的产品。Windows 自 20 世纪 80 年代后期推出至今，已经历了 Windows 3. x、Windows 9x、Windows NT、Windows 2000 等许多版本的升级，其功能不断增强，性能不断完善。而 Windows XP 是在 Windows 2000 操作系统内核的基础上开发出来的新一代的操作系统，它不但结合了 Windows 2000 中的许多优良功能，而且提供了更高层次的安全性、稳定性和优越性，是代替了 Windows 其他版本的更高版本。Windows XP 针对家庭用户、商业用户和企业用户分别提供了不同的版本：Windows XP Home Edition、Windows XP Professional 和 Windows XP Server。本书以 Windows XP Professional（以下简称 Windows XP）版本讲述。

2.2.1　Windows 的安装、启动和退出

Windows XP 需要 PentiumIII 以上的微处理器、128 MB 内存和 1 GB 以上的硬盘空间，当然更高的硬件配置可以更好地发挥它的优越性。

1. 安装 Windows XP

Windows XP 的安装一般分为两种情况，升级安装和全新安装。对一台没有安装过 Windows 操作系统的计算机可以选用全新安装；如果计算机已经安装了 Windows 98/ME/2000 等其他 Windows 操作系统，则选用升级到 Windows XP 的升级安装。Windows XP 具有完善的安装向导，用户可根据向导提示一步一步完成系统的安装，在此不详细介绍。

2. 启动 Windows XP

打开计算机电源后，系统会自动进入 Windows XP 操作系统的登录界面，如图 2-1 所示。在开机过程中注意。应先打开外部设备（如显示器、打印机等），然后再打开主机电源开关。

图 2-1　Windows XP 登录界面

XP 系统登录界面提供【账户】栏和【关闭计算机】按钮。在账户栏中会列出已经创建的用户账户，并且每个用户都有一个不同的图标，例如，系统默认显示两个账户 Administrator 和 Guest。Administrator 是管理员账户，具有使用系统全部资源的权限；Guest 是限制性账户，只能使用系统的部分资源。这时，单击相应的用户图标，在弹出的用户密码文本框中输入正确的密码即可进入 Windows XP 的工作界面。有的时候由于没有创建用户，开机后会自动进入 Windows XP 操作系统桌面。

3. 注销 Windows XP

Windows XP 是多用户操作系统，每个用户拥有自己设置的工作环境。当其他用户需要使用计算机时，不必重启，采用"注销"或"切换用户"方式重新登录或切换用户，实现快速登录来使用计算机。

在注销时，Windows XP 系统先关闭未关闭的所有应用程序和文件。如果这些文件没有保存，XP 系统会提醒用户保存。

具体操作步骤如下。

（1）在【开始】菜单中单击【注销】按钮，弹出【注销 Windows】对话框，如图 2-2 所示。

（2）单击【注销】按钮，可在不关闭计算机下先保存当前设置，再关闭当前用户，让其他当前用户登录使用该计算机。

（3）单击【切换用户】按钮，可在不退出当前用户登录情况下切换到另一个用户，用户不用关闭正在运行的程序，下次返回时系统保留原来状态。

提示："切换用户"方式是保持当前用户程序的运行状态，可以直接允许其他用户进行登录。当再次切换返回前一用户时，可继续使用该用户程序和窗口。"注销"方式是先结束当前用户操作环境中所有正在运行的程序和文件、关闭窗口，再让其他用户登录。

图 2-2　【注销 Windows】对话框

4. 退出 Windows XP

关闭计算机的正确方法是先按正常方式退出系统，然后关闭外部设备的电源；否则可能造成用户数据的丢失。

具体操作步骤如下。

（1）在【开始】菜单中选择【关闭计算机】选项，弹出【关闭计算机】对话框，如图 2-3 所示。

（2）单击【关闭计算机】按钮，系统保存更改过的所有 Windows XP 设置，将当前内存中的全部数据写入硬盘中，自动关闭 Windows XP 系统，并关闭计算机电源。

若在【关闭计算机】对话框中单击【待机】按钮，计算机将处于低功耗状态，显示器和硬盘自动关闭，内存信息仍保留，需要继续使用计算机时，移动一下鼠标，即可使系统恢复到用户登录状态。单击【重新启动】按钮，将关闭所有的程序并重启。

图 2-3　【关闭计算机】对话框

2.2.2　鼠标的操作

鼠标器（Mouse）简称鼠标，是一种人机交互式屏幕点击设备，用来增强或替代键盘上的光标移动键及回车键功能。在使用图形界面的操作系统 Windows 时，鼠标是必备的输入设备。

只要将鼠标指针指向选项并单击，便可执行命令。鼠标的左键用于选定程序图标、文件和菜单项等，右键用于打开对象的快捷菜单，以便执行特定的操作。中间轮主要用于移动、翻滚页面。

鼠标的基本操作主要有以下几种。

（1）移动。移动鼠标，指针随作用方向移动。

（2）指向。移动鼠标，指针接触某对象。指向对象是其余操作的基础。

（3）单击。按下左键后释放。用于选定一个对象或启动某个菜单命令等。

（4）双击。较快、连贯地单击两次左键，用于启动选中程序。如双击桌面上【回收站】图标，打开【回收站】的窗口。

（5）右击。按下右键后释放，用于打开所选对象的快捷菜单。

例如，在桌面上右击 QQ 图标，弹出该图标的快捷菜单。

（6）拖动。鼠标指向对象后，按住左键并移动，将对象拖到目标位置后松开按键。拖动操作可以使操作对象移动位置。

（7）推轮。向前或向后推鼠标器上的轮，可上下移动页面。例如，上网时推轮翻看屏幕之外的网页。

2.2.3　键盘基本操作

1. 键盘

键盘（Keyboard）是计算机上最重要、最常用的输入设备，如图 2-4 所示。键盘盘面可分为 4 个区。功能键区、打字键区（又称英文主键盘区）、编辑键区和数字键区。所有键均有连发功能，即按住任一键不放时，该键会自动重复输入。

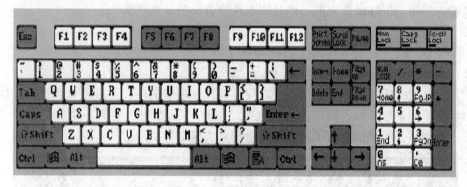

图 2-4　键盘

（1）功能键区

键盘上方设置 F1 ～F12 共 12 个功能键，具体功能由操作系统或应用程序定义。

（2）打字键区

打字键区包括英文字母键（A ～Z），数字键（0 ～9），符号键（!，@，#，＊，+，; 等），控制键（Esc，Tab，Shift 等）。

常用控制键如下。

Esc——强行退出键。

Tab——制表键，按一下该键光标右跳若干个空格。

Shift——换档键，与双字符键同时用可获得上档字符；另外，当键盘处于大（小）写状态时，同时按下 Shift 键和英文字母键，可以输入小（大）写字母。

Caps lock——大/小写英文字母转换键。

Enter——回车键，表示当前输入行的结束。

←（Backspace）——退格键，每按一次该键可删去光标左边的一个字符。

Alt——转换键，必须与其他键组合使用。

Ctrl——控制键，必须与其他键组合使用。

▦——Windows 键，又称 Win 键，一般在 Ctrl 和 Alt 之间，用于配合其他键快捷地打开一些 Windows 常用功能，如资源管理器、文件搜索等。

（3）编辑键区

编辑键区主要用于编辑操作，不同编辑软件中作用不同。包括插入键（Insert）、删除键（Delete）、翻页键（Page Up，Page Down）、首尾键（Home，End）及 4 个方向键（↑、↓、←、→）。

（4）数字键区

大部分键有两种状态，一种状态作为数字运算键用，另一种状态作为编辑键使用，两种状态通过数字锁定键（Num lock）转换。

2. 键盘的基本操作

（1）标准指法

① 手指的分工

标准键盘打字键区中的键位分布根据字符的使用频度确定，将键位一分为二，左右手分管两边，键盘操作手指分工如图 2-5 所示。除大拇指外，每个手指均负责一小部分键位。击键时手指上下移动，大拇指因其特殊性负责长条的空格键。

② 基本键位

A、S、D、F、F、J、K、L；这 8 个键所在的行位于键盘基本区域的中间位置，该行离其他行的平均距离最短，称为基准行，并把这 8 个键定为基准键位。基准键位是手指的常驻键位，除大拇指外的 8 个手指始终对应地轻放在基准键位上。敲击其他键时，指头移动击键后立即回基准键位，再准备击其他键。在 F、J 两个键上各有一个突起的圆点，称作盲点，操作时，若手指滑离了键盘可通过盲点快速定位手指。

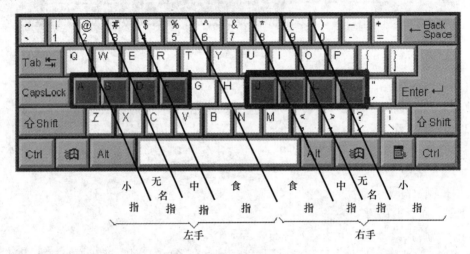

图 2-5　键盘操作手指分工图

③ 数字键区

数字键是另一类使用频度较高的键，在进行成绩录入、财务记账等大量输入数字时，频繁使用数字键。打字区最上一排是数字键 0 ～9，可以按双手指法分工训练。但由于分布过于分散，不适用于大量数字的录入。为了解决这一问题，在键盘右方设置专门的数字键区，将 0 ～9 和 " + "、" - "、" * " 和 "/" 算术运算符排列成方阵形，便于右手单手输入。具体的手指分工为：右手中指轻放在 "5" 键位上，"5" 键是一个基准键位，中指分管 "2"、"5"、"8" 等中排键，食指分管 "1"、"4"、"7" 等左排键，无名指分管 "3"、"6"、"9"、"." 等右排键，大拇指分管 "0" 键，小指分管 Enter 键等。单手数字输入指法一定要下苦功夫训练，达到快、准、轻的程度并不太难。

4 个方向键的击键方法：右手中指分管↑键和↓键，食指和无名指分别击←键和→键。其他键区的一些键，按照就近击键原则操作。功能键和特殊符号键使用频度不高，可以根据习惯灵活处理。

指法练习方法可以先从基准键位开始，慢慢向外发展直至整个键盘。高效准确输入字符，要掌握正确的击键姿势和击键方法。

（2）借助软件训练打字

汉字输入要求每个手指灵活性都很好，同时进行大量训练，才能达到一瞬间完成汉字→字母→击键的思维过程。目前，许多训练打字的辅助练习软件，可帮助短时间内提高打字速度，例如金山打字通等。

3. 常用的快捷键

在 Windows XP 的图形界面中，大部分的操作都由鼠标来完成，但为了提高操作效率，Windows XP 提供快捷键（热键），不用拉出菜单即可选择菜单选项，直接执行指定功能，使操作简捷，但需记忆。以下是几种常用的快捷键。

（1）关闭应用程序：Alt + F4。

（2）激活控制菜单：Alt + 空格键。

（3）取消菜单对话框：Esc 键。

（4）对话框选项的切换：Tab 键。

（5）选择全部对象：Ctrl + A。

2.2.4　Windows 桌面组成

启动 Windows XP 后，首先看到的是桌面。Windows XP 桌面由屏幕背景、图标和任务栏等组成，Windows XP 的所有操作都可以从桌面开始。桌面就像办公桌一样非常直观，是运行各类应用程序、对系统进行各种管理的屏幕区域。在桌面上可以看到图标与任务栏。

1. 图标

一个图标是一个小的图片，代表一个文件、程序、网页或命令。图标有助于用户快速执行命令和打开程序文件。当 Windows XP 启动后，桌面上一般都有【我的电脑】、【我的文档】、【回收站】、【网上邻居】等图标。

（1）【我的电脑】。进入计算机内部核心的窗口，可以访问计算机中所有存储设备中的文件，包括软盘、硬盘、光盘、可移动存储设备、网络连接设备及用户文档等。

（2）【我的文档】。计算机默认保存文档的文件夹，为用户提供一个迅速存取文档的地方。

（3）【回收站】。保存被用户删除的文件夹或文档，可以允许用户将已删除的文件恢复。

（4）【网上邻居】。可以与局域网内的其他计算机进行信息交流。

除系统自带程序图标外，桌面上一般还放置常用的应用程序图标、文档图标或快捷方式图标。

2. 任务栏

在默认情况下，任务栏位于屏幕底部，如图 2-6 所示。显示系统正在运行的程序、打开的窗口以及当前系统时间等。最左端是【开始】菜单按钮，右边是若干个用竖线分隔的子任务栏，包括【快速启动】工具栏、应用程序按钮分布区域、通知区域等。

（1）【开始】菜单。启动应用程序的起点，单击可以打开。

图 2-6　任务栏

（2）【快速启动】工具栏。放置用户频繁使用的程序图标，单击图标可启动相应的应用程序。

（3）应用程序按钮分布区域。显示当前正在运行的应用程序和打开窗口的按钮。Windows 是一个多任务操作系统，可同时运行多个任务，但计算机的屏幕只有一个，位于前台的任务（正在运行的应用程序）只有一个。单击任务栏上应用程序按钮或图标，可方便快速地切换。

（4）通知区域。位于任务栏最右边，显示系统启动后自动执行的任务，如系统时间、输入法按钮、音量控制等。

可以根据需要改变任务栏的宽度，或移至桌面两侧或顶部，还可以改变任务栏的属性，隐藏以及自定义任务栏。右击任务栏空白处，在快捷菜单中选择【属性】命令，可打开【任务栏和菜单属性】对话框进行外观、通知区域和显示时钟等设置。

2.2.5　窗口的组成与操作

窗口是 Windows XP 的主要操作界面，采用图形设计，易于操作、易于浏览，使用户非常容易地使用计算机。当用户打开一个文件或启动一个应用程序时，都会出现一个窗口，系统中各种信息的浏览和处理基本上是在窗口中进行的。

Windows XP 的窗口一般具有统一外观，图 2-7 所示是【我的电脑】窗口。

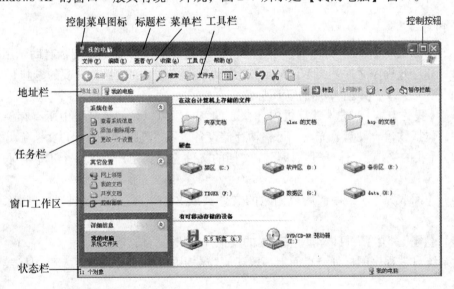

图 2-7　【我的电脑】窗口

1. 窗口的主要组成元素

（1）窗口边框与窗口角。可调整窗口边框以及窗口角改变窗口的大小。

（2）标题栏。位于窗口最上部，显示应用程序名、驱动器名、文件夹名或文档名，以便识别不同的窗口。

（3）控制菜单图标。位于标题栏最左端，控制窗口的操作。

（4）控制按钮。位于标题栏右端，包括【最大化】、【最小化】和【关闭】按钮，改变窗口的状态。

（5）菜单栏。位于标题栏下方，包含对本窗口操作的命令，对正在运行的应用程序或打开文档操作的命令。对于不同窗口，菜单栏命令也不相同。

（6）工具栏。位于菜单栏下方，包括常用的功能按钮，如复制、剪切等。

（7）地址栏。特殊工具栏。在地址栏输入文件夹路径，单击旁边的【转到】按钮，将打开该文件夹；若在地址栏输入网址，系统将自动启动浏览器并打开网页。

（8）窗口工作区。窗口的内部区域，用于显示窗口内容。

（9）任务栏。Windows XP 新增功能，通过任务栏中的命令能方便地操作窗口中的内容。

（10）状态栏。在窗口最底部，显示窗口的当前状态及用户当前操作等信息。

（11）滚动条。当窗口显示内容较多时，可拖动滚动条显示窗口外内容。

2. 窗口的操作

（1）窗口最大化。将窗口调整到充满整个屏幕。

窗口最大化操作：双击标题栏或单击控制按钮，在控制菜单中选择【最大化】选项。

（2）窗口最小化。将窗口缩小到任务栏上。

窗口最小化操作：单击控制按钮，在控制菜单中选择【最小化】选项。

（3）窗口还原。从最大化状态还原到原来大小。

窗口还原操作：双击标题栏或单击控制按钮，在控制菜单中选择【还原】选项。

（4）窗口关闭

窗口关闭操作：单击控制按钮，在控制菜单中选择【关闭】选项或在菜单栏上选择【文件】|【关闭】选项或按 Alt + F4 组合键。

（5）改变窗口大小

① 将鼠标指针指向窗口的某一边框或角框上，当指针变成一个双向箭头时，按下鼠标左键拖动，窗口的大小随着鼠标拖动而改变，当窗口尺寸满足要求时，松开按键。

② 单击控制按钮，在控制菜单中选择【大小】选项，鼠标指针变为一个四向箭头，用键盘上的方向键进行缩放，当窗口大小合适时按 Enter 键。

（6）窗口移动

① 将指针指向窗口的标题栏，按下鼠标左键拖动，窗口随着鼠标的拖动移动，直到窗口位置合适时，松开按键。

② 单击控制按钮，在控制菜单中选择【移动】选项。鼠标指针变为一个四向箭头，用键盘上的方向键进行移动，当窗口位置合适时按 Enter 键。

（7）窗口排列。打开多个窗口时，可以用排列的方法调整窗口的位置，改变窗口的排列方式。窗口的排列方式有【层叠窗口】、【横向平铺窗口】、【纵向平铺窗口】。具体操作方法为在任务栏空白处单击鼠标右键，弹出任务栏快捷菜单，根据需要选择菜单选项，如图 2-8 所示。

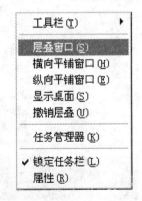

图 2-8　设置窗口排列方式

（8）窗口间切换。当同时运行多个应用程序时，同时打开多个窗口，但只有一个处于活动状态，这个活动窗口的标题栏为深蓝色，并覆盖在其他窗口之上。非活动窗口则以深灰色为标题栏背景色。具体操作方法如下。

① 将鼠标指针指向目的窗口单击，即可切换到新的窗口上。

② 当窗口处于最小化状态时，在任务栏上用鼠标单击要选择的窗口的按钮，即可切换到新的窗口。

③ 使用 Alt + Esc 组合键和 Alt + Tab 组合键可以在打开的窗口之间切换。

3. 对话框的操作

对话框是一种特殊窗口，常用于需要人机对话进行交互操作的场合。对话框也有一些与窗口相似的元素，如标题栏、关闭按钮等，但对话框没有菜单栏，不能改变对话框大小，也不能最大化或最小化，用户只能在对话框中通过按钮做一些简单的选择。

2.2.6 【开始】菜单的操作

【开始】菜单中提供启动程序、打开文档、搜索文件和系统设置以及获得帮助的所有命令。【开始】菜单顶端显示当前用户名，左侧部分自动调整，显示最近使用过的应用程序，如图 2-9 所示。左下方【所有程序】菜单项中包含计算机系统中已安装的应用程序，鼠标指向将出现级联菜单，显示其中的应用程序和下一层的级联菜单。可以自定义【开始】菜单中的其他部分。在安装某个应用程序时，安装程序自动在【开始】菜单的【所有程序】子菜单中添加一个快捷方式。

Windows XP 提供两种可选的【开始】菜单样式：XP 样式和经典样式，可以选择其中一种并进行自定义，方法如下。

(1) 在任务栏空白处或【开始】按钮上右击，从快捷菜单中选择【属性】命令，打开【任务栏和「开始」菜单属性】对话框，如图 2-10 所示。

图 2-9 【开始】菜单

图 2-10 【任务栏和「开始」菜单属性】对话框

(2) 在【「开始」菜单】选项卡上单击下列选项之一：

● 单击【「开始」菜单】选项，选择默认的 XP 样式；

● 单击【经典［开始］】选项，选择 Windows 早期版本中的样式。

（3）单击【确定】按钮。

在【［开始］菜单】选项卡中单击【自定义】按钮，可以进一步自定义【开始】菜单中的项目，如设置程序的图标大小、快捷方式以及添加浏览网页的工具等。

2.2.7　菜单的操作

在 Windows XP 图形界面系统中，菜单是一些应用程序、命令以及文件的集合。

菜单的使用方法如下。

（1）直接用鼠标选择菜单选项，可执行选中菜单选项。单击菜单以外任何区域，可以退出菜单命令。

（2）用 Alt + 字母键打开菜单后，用四个方向键移动亮条到选择的菜单选项后按 Enter 键，可执行选中菜单选项。Alt 键或 F10 键可退出菜单命令。

（3）菜单命令提示。正常菜单选项是黑色字符显示，表示该菜单中选项当前可以操作。

① 如果菜单选项灰色，则表示该菜单选项当前情况不能使用，如图 2-11 中【创建快捷方式】选项。

② 带有【√】标记的菜单选项表示已经起作用。

③ 带有【▶】标记的菜单选项表示含有子菜单，如图 2-11 中【新建】和【程序】选项。

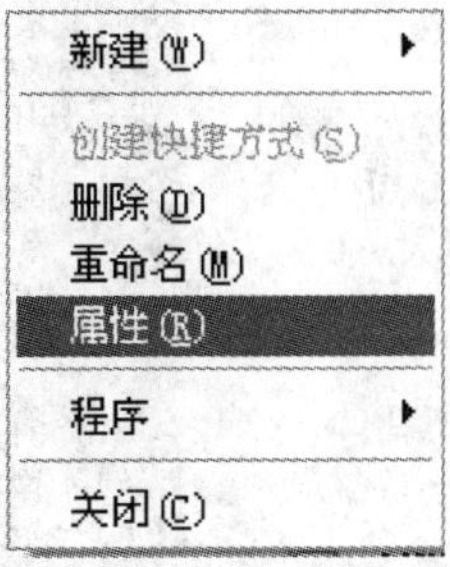

④ 带有【…】标记的菜单选项表示执行后将弹出一个对话框。

图 2-11　菜单

⑤ 带有下划线字母的菜单选项表示可以按 Alt + 带下划线的字符键激活相应的菜单。

2.2.8　应用程序的启动

1. 启动应用程序的方法

① 启动桌面上的应用程序，双击桌面上的应用程序图标。

② 通过【开始】菜单启动应用程序。

③ 用【开始】菜单中的【运行】选项启动应用程序。

④ 通过浏览驱动器和文件夹启动应用程序。在【我的电脑】或【Windows 资源管理器】中浏览驱动器和文件夹，找到应用程序文件后，双击该应用程序图标。

2. 应用程序切换的方法

① 用鼠标单击应用程序窗口中的任何位置。

② 按 Alt + Tab 组合键在各应用程序之间切换。

③ 在任务栏上单击应用程序的任务按钮。

3. 关闭应用程序的方法

① 在应用程序的【文件】菜单中选择【关闭】选项。

② 双击应用程序窗口左上角的控制菜单框。

③ 单击应用程序窗口左上角的控制菜单框，在弹出的控制菜单中选择【关闭】选项。

④ 单击应用程序窗口右上角的【关闭】按钮。

⑤ 按 Alt + F4 组合键。

2.2.9 Windows 帮助系统

按下 F1 键，或在【开始】菜单中选择【帮助和支持】选项，弹出【帮助和支持中心】窗口，如图 2-12 所示。

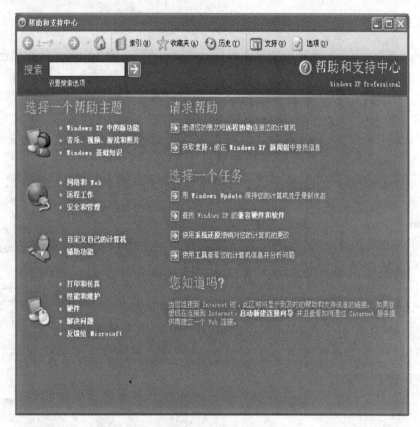

图 2-12 Windows XP 帮助系统

（1）用【目录】列表查找指定的主题。

（2）单击【索引】按钮，输入关键字作为标题的帮助信息出现在列表框内，从其中选择某个主题后，单击【显示】按钮，在右边窗格中显示出相应主题的帮助信息。

（3）用【搜索】获得帮助。

（4）用【收藏夹】快速查看帮助信息。

2.3　Windows 的资源管理系统

在计算机中，所有的程序、数据都是以文件的形式存储在计算机中。计算机中的文件就像日常工作中的文件，存放在某个文件夹中，可以被用户访问。计算机中的文件夹就像日常生活中的文件夹，具有层次结构，里面可以同时存放多个文件。

2.3.1　Windows 的资源管理器

在 Windows XP 系统中，管理文件和文件夹可以使用【我的电脑】和【资源管理器】

两个应用程序。其中资源管理器采用树形结构对文件和文件夹进行分层管理，直观便捷，用户可以利用资源管理器浏览、复制、移动、删除、重命名以及搜索文件和文件夹，在其窗口中还显示了计算机上的所有硬盘、光驱和移动存储设备，供用户对其进行管理。

　　1. 资源管理器的启动

　　打开资源管理器的方法有许多种，最常用的方式有如下三种。

　　（1）单击【开始】菜单，选择【所有程序】|【附件】|【Windows 资源管理器】选项。

　　（2）右击桌面上的【我的电脑】图标，在弹出的快捷菜单中选择【资源管理器】选项，如图 2-13 所示。

　　实际上，右击桌面上的很多图标都可以打开资源管理器，例如【网络邻居】、【回收站】和文件夹的图标等。右击【开始】按钮也可以打开资源管理器，不过采用这种方式打开的资源管理器进入的路径不同。

　　（3）同时按下键盘的 Windows 键和 E 键，即可打开资源管理器。

图 2-13　【我的电脑】的快捷菜单

　　2. 资源管理器的窗口

　　打开资源管理器后进入如图 2-14 所示的窗口。

图 2-14　资源管理器窗口

　　资源管理器窗口工具栏的下方是地址栏，它显示的是当前的路径。在地址栏的左下方是文件夹窗格，以树形结构显示文件夹的层次结构，用户可以直观地了解存放在磁盘中的文件目录结构，并可用鼠标单击的方式在各层次的文件夹之间切换。在地址栏的右下方窗格中显示的是当前文件夹包含的文件和子文件夹，用户可以用鼠标选择或进一步操作，例如双击打开文件或文件夹。

3. 资源管理器的退出

资源管理器的退出的方法与普通的窗口一样，单击关闭按钮或按 Alt + F4 组合键等方法都可以退出。

2.3.2　文件与文件夹

1. 文件

文件是一组相关信息的集合，这些信息最初是在内存中建立的，然后以用户给予的名字存储在磁盘上。文件的内容可以是文字、图片或图像、声音或者应用程序等各种信息。文件是计算机系统中基本的存储单位，计算机以文件名来区分不同的文件。

文件的命名规则如下。

（1）一个完整的文件名由文件名和扩展名两部分组成，两者中间用一个句点分开。例如"练习 1. doc"。在 Windows XP 系统中，允许使用的文件名中的字符可以是汉字、字母、数字、空格和特殊字符，最多有 255 个字符。

（2）扩展名通常由 3 个字符组成，用于标示不同的文件类型和创建此文件的应用程序，扩展名还可以使用多个分隔符。

在 Windows XP 系统中，窗口中显示的文件包括一个图标和文件名，同一种类型的文件具有相同的图标。

2. 文件夹

文件夹又称为目录，是系统组织和管理文件的一种形式，用来存放文件或上一级子文件夹，它本身也是一个文件。文件夹的命名规则与文件名相似，但一般不需要加扩展名。

用户双击某个文件夹图标，即可以打开该文件夹，查看其中的所有文件及子文件夹。

3. 文件的类型

在 Windows XP 中，文件按照文件中的内容类型进行分类，主要类型如表 2-1 所示，文件类型一般以扩展名来标志。

表 2-1　文件的类型与扩展名

文件类型	扩展名	文件描述
可执行文件	. exe、. com、. bat	可以直接运行的文件
文本文件	. txt、. doc	用文本编辑器编辑生成的文件
音频文件	. mp3、. mid、. wav、. wma	以数字形式记录存储的声音、音乐信息的文件
图形图像文件	. bmp、. jpg、. jpeg、. gif、. tiff	通过图像处理软件编辑生成的文件，如画图文件、Photoshop 文档等
影视文件	. avi、. rm、. asf、. mov	记录存储动态变化画面，同时支持声音的文件
支持文件	. dll、. sys	在可执行文件运行时起辅助作用，如链接文件和系统配置文件等
网页文件	. html、. htm	网络中传输的文件，可用 IE 打开
压缩文件	. zip、. rar	由压缩软件将文件压缩后形成的文件，不能直接运行，解压后可以运行

2.3.3　文件与文件夹的查看

利用资源管理器可以浏览文件和文件夹，并且能够根据用户需求对文件的显示和排列方式进行设置。

在资源管理器中查看文件或文件夹常用的方式有缩略图、平铺、图标、列表和详细信息 5 种。

（1）【缩略图】。以图片的形式预览文件和文件夹中的内容。

（2）【平铺】和【图标】。分别以多列大图标和小图标的格式排列显示文件和子文件夹。

（3）【列表】。以多列小图标加文件名的形式显示文件夹的内容。

（4）【详细资料】。以列表的形式显示文件夹中的文件和子文件夹的详细信息，包括文件名、大小、类型、修改日期和时间等。

在资源管理器的工具栏上单击【查看】按钮，打开【查看】菜单，可以从中选择一种查看方式，如图 2-15 所示。

在【资源管理器】中文件或文件夹可以按某种属性排列，如【名称】、【大小】、【类型】、【修改时间】等。还可以设置为【自动排列】，这时系统就会根据文件或文件夹的属性自动决定显示顺序。【排列图标】子菜单如图 2-16 所示。

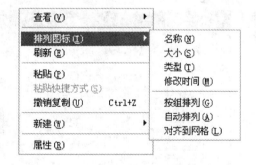

图 2-15　选择文件查看方式　　　　　　图 2-16　选择图标排列方式

2.3.4　文件与文件夹的选择

对文件与文件夹进行操作之前，要选定被操作的文件或文件夹，被选中对象高亮显示。Windows XP 中选定文件和文件夹的主要方法如下。

（1）选定一个文件或文件夹。用鼠标单击需要选定的对象。

（2）选定多个连续的文件或文件夹。用鼠标单击第一个需要选定的对象，按住 Shift 键，同时用鼠标单击最后一个需要选定的对象。

（3）选定多个不连续的文件或文件夹。按住 Ctrl 键，用鼠标分别单击对象。

（4）选定当前窗口中的全部文件或文件夹。按下 Ctrl + A 组合键。

（5）在窗口中按住鼠标左键不放，在屏幕上拖动鼠标，在屏幕上形成一个矩形选定框，选定框内的对象即被选中。

2.3.5　创建新的文件和文件夹

1. 创建新的文件夹

在使用计算机时经常会需要创建文件夹，在 Windows XP 中创建文件夹有两种情况，一种是在桌面上直接创建文件夹，一种是在资源管理器中创建新的文件夹，现以后者为例介绍具体的操作步骤。

（1）进入需要创建新文件夹的路径中，例如在 D 盘根目录下建立新文件夹，需要进入 D 盘根目录。

（2）右击右侧窗格空白处，在出现的快捷菜单中选择【新建】|【文件夹】选项，如图 2-17 所示。

（3）在出现的新文件上输入名称，按回车键即可。如果不输入名称系统会自动给新文件夹命名为【新文件夹】等。

在第（2）步中，也可以使用资源管理器主菜单中的【文件】|【新建】|【文件夹】选项。效果相同，如在桌面创建新文件夹直接从第（2）步开始操作即可。

2. 创建新的文件

创建新的文件的方法与文件夹基本相同，只是在如图 2-17 所示的【新建】菜单中应选择新建文件的类型，例如要建立一个扩展名为 .doc 的文本文件需要选择【Microsoft Word 文档】选项。

图 2-17　新建文件夹

2.3.6　复制、移动文件和文件夹

1. 复制文件和文件夹

复制是为选定的文件或文件夹在其他位置建立一个完全相同的副本，新的位置可以是不同的文件夹、不同的磁盘驱动器，也可以是网络上其他计算机。复制操作后，原位置的文件或文件夹不发生任何变化，具体的操作步骤有如下几种。

（1）用鼠标拖动。选定文件或文件夹，按住 Ctrl 键的同时将文件或文件夹拖动到目标位置。

（2）使用快捷键。选定文件或文件夹，按 Ctrl + C 组合键，进入目标文件夹，按 Ctrl + V 组合键。

（3）用快捷菜单。选定文件或文件夹后右击，在弹出的快捷菜单中选择【复制】选项，进入目标文件夹，右击空白处，在弹出的快捷菜单中选择【粘贴】选项。

（4）用菜单命令。选定文件或文件夹，在资源管理器的菜单中选择【编辑】|【复制】选项，进入目标文件夹，在资源管理器的菜单中选择【编辑】|【粘贴】选项。

2. 移动文件和文件夹

移动是将选定的文件或文件夹移动到其他位置，新的位置可以是不同的文件夹、不同的磁盘驱动器，也可以是网络上其他计算机。移动操作后，原位置上的文件或文件夹被删除，具体的操作步骤有如下几种。

（1）用鼠标拖动。选定文件或文件夹，将文件或文件夹拖动到目标位置。注意这种方法只适用于同一磁盘驱动器中，如果向其他磁盘驱动器拖拽就会自动变为复制操作。

（2）使用快捷键。选定文件或文件夹，按 Ctrl + X 组合键，进入目标文件夹，按 Ctrl + V 组合键。

（3）用快捷菜单。选定文件或文件夹后右击，在弹出的快捷菜单中选择【剪切】选项，进入目标文件夹，右击空白处，在弹出的快捷菜单中选择【粘贴】选项。

（4）用菜单命令。选定文件或文件夹，在资源管理器的菜单中选择【编辑】|【剪切】选项，进入目标文件夹，在资源管理器的菜单中选择【编辑】|【粘贴】选项。

在上述两种操作过程中，如果目标文件夹已经存在同名的文件或文件夹，系统会询问是否覆盖已有文件；这时根据需要选择相应的选项，如果选择覆盖，则原有的文件将会消失。

2.3.7　重命名文件或文件夹

用户在使用 Windows XP 的过程中，如果需要修改文件或文件夹的名称，这时应注意不可以把文件或文件夹的名称改为已经存在的名称，例如已经存在"学生 . doc"文件，如将另一文件改名为"学生 . doc"，则系统就会提示错误。重命名的具体操作步骤如下。

（1）选择要重命名的文件或文件夹。

（2）在资源管理器的菜单中选择【文件】|【重命名】选项；或单击鼠标右键，在弹出的快捷菜单中选择【重命名】选项。

（3）这时文件或文件夹的名称处于编辑状态，直接输入新的名称，然后按 Enter 键即可。

2.3.8　删除、恢复文件或文件夹

1. 删除操作

删除文件或文件夹时，首先选定删除对象，然后可用以下方法进行删除。

（1）在菜单栏上选择【文件】|【删除】选项。

（2）在工具栏上单击【删除】按钮。

（3）按鼠标右键，在弹出的快捷菜单中选择【删除】选项。

（4）按 Del 键。

（5）用鼠标将对象直接拖到【回收站】中。

上述方法都是将文件或文件夹放入到回收站中，还可以用后面的操作恢复，如果要彻底删除，还要到回收站中删除或清空回收站。有一种方法可以直接彻底删除，即按 Shift + Del 组合键。

2. 恢复操作

用户删除文件或文件夹后，被删除的内容被放到回收站中。在桌面上双击【回收站】图标，可以打开【回收站】窗口查看回收站中的内容。【回收站】窗口列出用户删除的内容，并且可以看到它们原来所在的位置、被删除的日期、文件类型和大小等。

如果需要把已经删除的文件或文件夹恢复，操作方法如下。

（1）在回收站中选择需要恢复的对象。

（2）在回收站的菜单中选择【文件】|【还原】，或右击，在出现的快捷菜单中选择【还原】。

2.3.9　查找文件或文件夹

用户在使用 Windows XP 的过程中，如果需要快速找到某个文件或文件夹，这时需要使用 Windows XP 提供的文件查找工具，具体的操作步骤如下。

（1）打开开始菜单，选择【搜索】|【文件或文件夹】选项，打开如图 2-18 所示的【搜索结果】窗口。

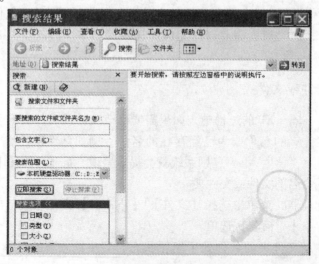

图 2-18　【搜索结果】窗口

（2）在【要搜索的文件或文件夹名为】文本框中输入需要查找的文件或文件夹的名称；在【搜索范围】下拉列表框中选择搜索的范围。

（3）单击【立即搜索】按钮，系统将在设定的搜索范围内查找符合条件的文件或文件夹。

如果不确定文件的名称，也可以仅输入部分文件名，例如只知道文件名中包含"成绩"两个字，那么只输入"成绩"即可，搜索的结果将会是名称中包含"成绩"两个字的所有文件或文件夹，如"学生成绩.doc"、"期末考试成绩分析.txt"等。

2.3.10　设置文件或文件夹属性

1. 设置文件或文件夹的属性

常用的文件和文件夹属性有3个，分别是只读、隐藏和存档。只读属性规定了文件或文件夹是否可以被修改或删除，隐藏属性规定了文件是否显示出来，具体的设置方法如下。

（1）选定需要设置属性的文件或文件夹。

（2）选择【文件】|【属性】选项，或右击对象，从弹出的快捷菜单中选择【属性】选项。打开如图2-19的对话框。

（3）在【文件（或文件夹）属性】对话框中，选择相应的复选按钮，即给文件或文件夹设置了相应的属性。反之，去掉复选按钮的选择，即去掉了文件或文件夹的相应属性。

（4）最后单击对话框中的【确定】按钮，关闭对话框的同时，属性生效。

2. 设置文件或文件夹显示方式

如果设置文件或文件夹的隐藏属性后，一般就不显示这个文件或文件夹了，如果想要在资源管理器中查看隐藏的对象，需要进行如下的设置。

（1）在资源管理器中，选择【工具】|【文件夹选项】选项，打开如图2-20所示的【文件夹选项】对话框。

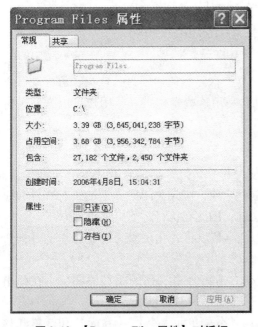

图2-19　【Program Files 属性】对话框

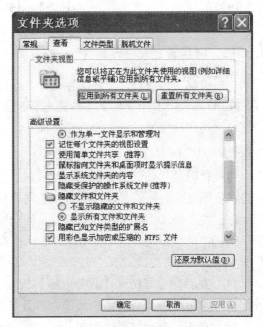

图2-20　【文件夹选项】对话框

（2）在对话框的【查看】选项卡中【高级设置】区域中，选择【显示所有文件和文件夹】选项。这时就可以查看那些隐藏的文件或文件夹了。

2.3.11　【我的电脑】窗口

在 Windows XP 中【我的电脑】也可以进行文件和文件夹的浏览与管理，它与资源管理器使用同一个程序，只是在默认情况下【我的电脑】中的【文件夹】窗格是关闭的，如图 2-21 所示，当然也可以通过单击工具栏上【文件夹】按钮打开【文件夹】窗格。除此之外，【我的电脑】的操作与资源管理器是相同的。

图 2-21　【我的电脑】窗口

2.3.12　磁盘管理

一般情况下，用户的文件保存在计算机的磁盘上，磁盘包括硬盘、软盘、可移动磁盘等，在 Windows XP 中提供了多种磁盘管理工具，利用这些管理工具，用户可以方便地进行格式化、碎片整理、备份和还原等操作。

1. 格式化磁盘

格式化磁盘就是给磁盘划分存储区域，以便操作系统把数据信息有序地存放在里面。磁盘在使用之前必须要进行格式化，在格式化磁盘之前，应先关闭磁盘上的所有文件和应用程序。由于格式化操作将清除磁盘上的全部文件，因此在执行之前应慎重考虑。

格式化硬盘、U 盘、可移动磁盘的操作类似，本节以格式化硬盘为例进行说明，操作步骤如下。

（1）在资源管理器或【我的电脑】窗口中，右击需要格式化的驱动器图标，在弹出的快捷菜单中选择【格式化】选项，打开如图 2-22 所示的对话框。

（2）在对话框中设置【容量】、【文件系统】、【分配单元大小】、【卷标】和【格式化选项】等选项的值；其中，卷标是磁盘的标示符，用于区别各个驱动器。【格式化选项】

中的【快速格式化】表示不做磁盘查错直接进行格式化，一般用于清除磁盘全部存储数据。

（3）单击【开始】按钮，系统在提示将清除磁盘上全部数据后，开始进行磁盘格式化。

2. 使用磁盘

硬盘是计算机的主要存储设备，存放计算机运行和管理的绝大多数文件和程序，由于现在的硬盘容量较大，主流容量达到 500 GB 至 1 TB 之间，因此一般将硬盘分为若干个驱动器；第一个驱动器为 C 盘，主要用于存放操作系统文件和常用的应用程序，其后的驱动器依次命名为 D 盘、E 盘、F 盘等，用于存放用户文件，在使用过程中一定要注意保护 C 盘中的文件和数据。

图 2-22 【格式化】对话框

U 盘、可移动磁盘和现在较少出现的软盘是辅助存储设备，一般用于数据和文件的传递、保存和共享，使用它们的时候应充分考虑其不稳定性，避免出现存储设备损坏造成数据丢失，另外也要注意经常查毒杀毒，避免 U 盘、软盘成为病毒的传播媒介。

3. 查看磁盘属性

用户可以通过查看磁盘属性获得磁盘容量、已用空间及所剩的可用空间等信息，其操作步骤如下。

（1）在资源管理器或【我的电脑】窗口中，右击需要查看的驱动器图标，在弹出的快捷菜单中选择【属性】选项，打开如图 2-23 所示的对话框。

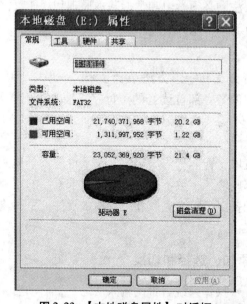

图 2-23 【本地磁盘属性】对话框

（2）在对话框的【常规】选项卡中，可以在【卷标】文本框中重新设置磁盘卷标。还可以查看磁盘文件的系统、类型、容量等信息。

（3）在对话框的【工具】选项卡中，还可以进行磁盘查错、碎片整理、备份等操作。

2.4　中文输入法

中文 Windows XP 系统支持汉字的输入、显示、存储和打印。随着汉字输入技术的不断发展，出现了许多新的汉字输入方法，汉字编码方案也有数百种之多，但常用的不过几种。

2.4.1　常用汉字输入法的类型

常用汉字输入法有五笔字型输入法、智能 ABC 输入法、全拼输入法、微软拼音输入法等。归纳起来，有以下三种类型。

1. 拼音输入法

拼音输入法采用汉语拼音作为汉字的输入编码，以输入拼音字母实现汉字输入。对于学习过汉语拼音的人来说易学易用，缺点是重码率高，需要选字，读不出音无法输入。目前的拼音输入方法趋向智能化，同时可以进行词组输入，大大减少选字，提高输入的效率。不过对于不会汉语拼音、不会讲普通话的人，输入汉字比较困难。拼音输入法又可分为全拼、简拼、双拼等。

2. 字形输入法

字形输入法是把一个汉字拆成若干偏旁、部首（字根），或拆成若干种笔画，作为汉字的基本部件；这些部件与键盘的键对应，根据字形拆分部件的顺序按键输入汉字。这种输入法的特点是重码率低、速度快，只要知道汉字字形就能拆分汉字而完成汉字输入。但是，如果要使用这种输入法，必须学习和掌握基本原理和规律，需要记忆字根键和汉字拆分规则。字形输入方案有五笔字型码、郑码等。

3. 音形输入法

音形输入法是将拼音方法和字形方法结合起来。一般以音为主，以形为辅，音形结合，取长补短。字形采用偏旁、部首读音的声母字符输入，不需要记忆键位。兼顾音码、形码优点，降低重码率，不需要大量记忆，使用简便、输入速度快、效率高。音形码方案有自然码等。

随着计算机技术的发展，智能型的汉字输入技术也进入了应用阶段。例如，语音输入和手写输入，主要针对那些输入字数不多、对速度要求不高的用户。语音输入通过发声来输入汉字，计算机需要配备声卡、麦克风和语音输入软件；手写输入是通过在特制的手写设备上书写文字来输入汉字。

2.4.2　中文输入法的添加、选择和切换

拼音输入法是 Windows 操作系统自带的输入法之一，启动后，任务栏右端有一个语言栏，以图标形式嵌入任务栏中，可用鼠标拖动或执行"显示语言栏"操作，使其变为浮动的工具栏。

输入汉字过程中，若希望每次启动系统后能自动切换到自己需要的中文输入法状态下，或希望添加其他的中文输入法，可以通过系统的输入法属性实现。

1. 输入法选择

系统默认输入法是"英语"。若需要经常使用某种汉字输入法,可以将其设置为默认输入法,使 Windows XP 系统启动时同时启动该中文输入法。

设置默认输入法方法。右击输入法工具栏,在快捷菜单中选择【设置】选项,弹出【文字服务和输入语言】对话框,如图 2-24 所示。

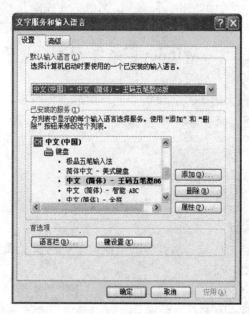

图 2-24　【文字服务和输入语言】对话框

在【默认输入语言】下拉列表框中选择一种输入法后,单击【确定】按钮,完成了默认输入法的设定。

选择输入法的方法:单击语言栏上的图标,在弹出的菜单(菜单中列出已安装或添加的输入法)中选择一种输入法。例如,选择"微软拼音输入法"选项,即可在任务栏左侧出现"微软拼音输入法"输入法状态栏,此时可以用该输入法输入汉字。

2. 输入法切换

输入汉字过程中,经常需要在英文输入状态和中文状态之间切换。如图 2-25 所示,五笔字型输入法状态窗口,由【中英文切换】按钮、【输入方式切换】按钮、【全角/半角切换】按钮、【中英文标点切换】按钮和【软键盘】按钮等五个部分组成,单击按钮即可进行切换。

可以用快捷键进行输入法切换,默认快捷键如下。

(1) 用 Ctrl + 空格组合键切换中英文输入法状态。

(2) 用 Ctrl + Shift 组合键在各种输入法之间切换。

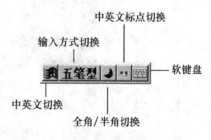

图 2-25　五笔字型输入法状态窗口

3. 输入法添加、删除

用户可以根据需求添加和删除输入法。

（1）添加输入法的方法：在【文字服务和输入语言】对话框（如图 2-24 所示）中单击【添加】按钮，弹出【添加输入语言】对话框。在【输入语言】下拉列表框中选择【中文（中国）】选项，在【键盘布局/输入法】下拉列表框中选择要添加的中文输入法，单击【确定】按钮即可。

（2）删除输入法的方法：在【文字服务和输入语言】对话框（如图 2-24 所示）的【已安装的服务】列表框中选中要删除的输入法，单击【删除】按钮。

2.5　Windows 系统环境设置

Windows XP 提供了强大的个性化设置功能，用户不但可以根据个人的喜好调整开始菜单、任务栏、定制桌面，而且可利用控制面板方便地对显示器、鼠标、网络、声音、字体等进行设置和管理。

2.5.1　设置显示属性

在 Windows XP 中，用户可以在【显示属性】对话框中对桌面显示、屏幕保护等进行设置，具体操作如下。

（1）右击桌面上的空白区域，从弹出的快捷菜单中选择【属性】选项，打开【显示属性】对话框，如图 2-26 所示。

（2）在其中的【背景】列表框中选择所需的图片作为桌面背景，也可以选择"无"，去掉桌面背景。如果在列表中无合适的图片，可以单击【浏览】按钮，打开【浏览】对话框，从硬盘或其他路径选择图片文件。

（3）单击【自定义桌面】按钮，弹出如图 2-27 所示的【桌面项目】对话框。用户可以选择在桌面上显示的桌面图标，例如我的文档、网上邻居和我的电脑等。

图 2-26　【显示属性】对话框

图 2-27　【桌面项目】对话框

（4）选择【屏幕保护程序】选项卡，进入如图 2-28 所示的对话框，在【屏幕保护程序】下拉列表中选择一个选项，并且对其【等待时间】等选项进行设置。单击【确定】按钮后，屏幕保护程序生效。

图 2-28　设置屏幕保护程序

2.5.2　控制面板

　　Windows XP 的控制面板为用户提供设置计算机的多种工具，这些工具可以帮助用户对 Windows 的操作环境、应用程序、打印机、网络等进行管理和设置。Windows XP 将 20 多个控制面板的功能分为十个大类，分别为外观和主题，网络和 Internet 连接，添加/删除程序，声音、语音和音频设备，性能和维护，打印机和其他硬件，用户账户，日期、时间、语言和区域设置，辅助功能选项，安全中心，每个大类中又包括若干个设置选项，如图 2-29 所示。

　　打开控制面板有三种方法。

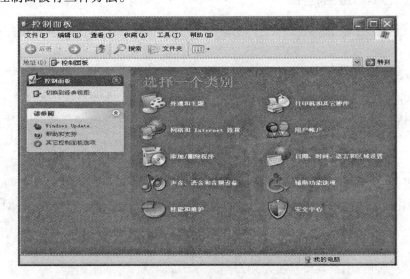

图 2-29　控制面板的分类视图

（1）在【开始】菜单中，单击【控制面板】菜单项。

（2）打开【我的电脑】窗口，在【其他位置】区域中单击【控制面板】选项。

（3）打开【资源管理器】窗口，在文件夹窗格中选择控制面板文件夹。

2.5.3 设置系统时间

在 Windows XP 系统中，系统时钟控制着系统的日期和时间，在创建文件或文件夹、发送电子邮件等操作中，系统会自动将系统日期和时间标注在相应属性中。为了保证系统时间的准确性，用户可以对其进行设置和调整，具体操作方法如下。

（1）在任务栏中双击最右端的时间，或在【控制面板】窗口中双击【日期和时间】图标，打开【日期和时间属性】对话框，如图 2-30 所示。

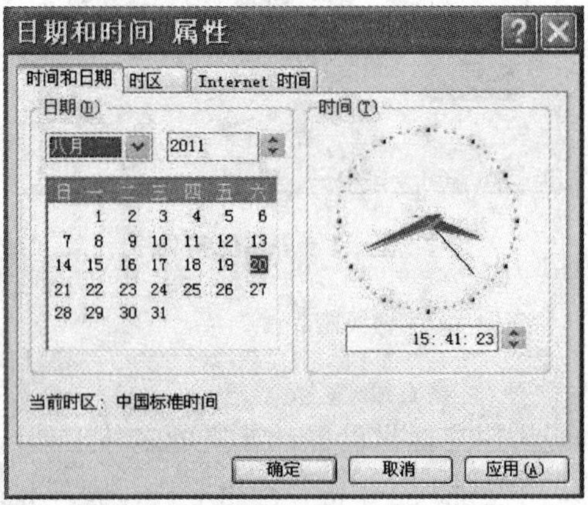

图 2-30 【日期和时间属性】对话框

（2）在对话框的【时间和日期】选项卡中调整当前的年、月、日和时间，单击【确定】按钮保存设置。

2.5.4 添加、删除应用程序

控制面板中的【添加/删除程序】工具用于 Windows 系统组件和应用程序的添加和删除。

1. 添加或删除系统组件

安装 Windows XP 系统时，往往不需要安装所有的组件。在需要使用未安装的组件时，需要先从 Windows XP 安装盘上安装，同时也可以删除不再需要的组件，具体操作步骤如下。

（1）打开控制面板，双击【添加/删除程序】图标，弹出【添加或删除程序】窗口，如图 2-31 所示。

（2）单击【添加/删除 Windows 组件】按钮，弹出【Windows 组件向导】对话框，如图 2-32 所示。

（3）选择所需要添加或删除的组件，单击【下一步】按钮，系统自动对系统组件进行配置。在安装过程中，系统会提示用户插入 Windows XP 的系统光盘。

图 2-31 【添加或删除程序】窗口

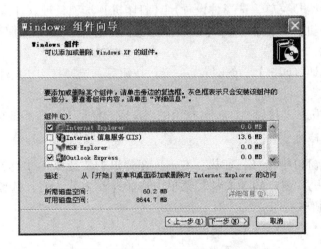

图 2-32 【Windows 组件向导】对话框

2. 删除应用程序

在【添加或删除程序】窗口中单击【更改或删除程序】按钮，在【当前安装的程序】列表框中选择要删除的对象，单击【更改/删除】按钮，系统运行与该程序相关的卸载向导，引导用户卸载相应的应用程序。

2.5.5 创建快捷方式

为了快速启动应用程序和打开文件或文件夹，可以为其创建快捷方式，还可以将常用的快捷方式放到 Windows 的桌面上，以方便用户使用。

创建快捷方式的步骤如下所示。

（1）选定需要创建快捷方式的文件、文件夹或应用程序可执行文件。

（2）右击对象，在弹出的快捷菜单中选择【创建快捷方式】命令，就会在当前位置出现对象的快捷方式图标。将该图标移动到需要的文件夹即可使用。

用户也可以在 Windows 的桌面上创建快捷方式，操作步骤如下。

（1）右击桌面上空白处，在弹出的快捷菜单中选择【新建】|【快捷方式】选项，出现【创建快捷方式】对话框。

（2）在此对话框的输入框中输入需要创建快捷方式的文件、文件夹或应用程序的路径和名称，也可以通过【浏览】按钮选择文件或应用程序。

（3）单击【下一步】按钮，设置快捷方式的名称。单击【完成】按钮，桌面上就出现了快捷方式。

2.5.6　设置打印机

打印机是计算机系统中的重要输出设备，可用于文本和图形图像的输出。在使用打印机之前，需要在 Windows XP 操作系统中安装和设置打印机。

1. 安装打印机

安装打印机的具体步骤如下。

（1）首先将打印机与计算机正确连接，并准备好打印机的驱动程序。

（2）单击【开始】菜单，选择【设置】|【打印机】选项，进入【打印机】窗口。

（3）在【打印机】窗口中双击【添加打印机】图标，弹出【添加打印机向导】，单击【下一步】按钮。

（4）选择【本地打印机】，单击【下一步】按钮后，选择打印机的生产商和型号，或者单击【从磁盘安装】使用打印机的驱动光盘进行安装。

（5）指定打印机的连接端口、命名打印机，最后选择是否打印测试页。

2. 设置默认打印机

在【打印机】窗口中选择打印机，右击，在弹出的快捷菜单中选择【设为默认值】选项；或在【打印机】窗口的【文件】菜单中选择【设为默认值】选项。这时再有打印任务就由默认打印机来打印。

3. 打印文档

可以将需要打印的文档直接用鼠标左键拖动到【打印机】窗口中的打印机图标上，释放鼠标就开始打印。或者右击文件，在弹出的快捷菜单中选择【打印】选项。

4. 设置打印机属性

在【打印机】窗口中右击需要设置的打印机图标，在弹出的快捷菜单中选择【属性】选项，即可对选定的打印机设置相关属性和参数。

2.6　Windows 应用程序的使用

附件是 Windows XP 系统自带的应用程序包，其中包含许多常用的应用程序，如计算器、记事本、通信簿、造字程序、画图、系统工具和辅助工具等。

2.6.1　使用计算器

计算器是一个进行算术、统计及科学计算的工具，有【标准型】和【科学型】两种显示模式，后者如图 2-33 所示。打开计算器的方法是，在【开始】菜单中选择【程序】|【附件】|【计算器】选项，它的使用与现实中的计算器相同。

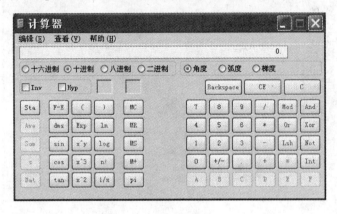

图 2-33　计算器

2.6.2　使用写字板

Windows XP 中的写字板是一个文字处理程序，名为 wordpad.exe，可以用来建立和打印文档，如图 2-34 所示。写字板提供文档编辑和格式化、剪切、复制和粘贴文本，以及插入图片的功能。打开写字板的方法是，在【开始】菜单中选择【程序】|【附件】|【写字板】选项。

```
#include <stdio.h>
void main()
{int i,j,max_i;
 float sum,max=0;
 float s[5][5]={{78,82,93,74},{91,82,72,76},
{100,90,85,72},
          {67,89,90,65},{77,88,99,45}};
 for (i=0;i<5;i++)
   {sum=0;
    for (j=0;j<4;j++)
       sum=sum+s[i][j];
       s[i][4]=sum/4;}
       for (i=0;i<5;i++)
 if (s[i][4]>max)
   {max=s[i][4];max_i=i;}
 printf("stu_order=%d\nmax=%7.2f\n",max_i,max);
}
```

图 2-34　写字板

2.6.3　使用画图

画图应用程序是一种绘图工具，可以用它创建和编辑黑白或彩色的图形，并可将这些图形存储为位图（.bmp）或图形（.jpg 或 .gif）类型的文件。还可以将这种图形或图像设置为桌面背景。画图的窗口由菜单、工具栏、颜色板、线形框、前景色/背景色标志等组

成，如图 2-35 所示。打开画图的方法为，在【开始】菜单中选择【程序】|【附件】|【画图】选项。

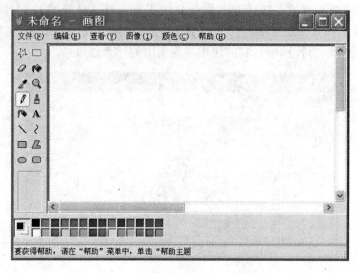

图 2-35　画图

习　　题

一、选择题

1. Windows XP 中的桌面是指（　　）。

　　A. 整个屏幕　　　　B. 某个窗口　　　　C. 程序界面　　　　D. 活动窗口

2. Windows XP 是一种（　　）。

　　A. 编译系统　　　　B. 杀毒软件　　　　C. 操作系统　　　　D. 数据库系统

3. 下列叙述中，说法正确的是（　　）。

　　A.【开始】菜单只能用鼠标单击【开始】按钮才能打开

　　B. 任务栏的大小、位置是不能改变的

　　C.【开始】菜单由系统自动生成，用户不能再设置

　　D. 任务栏可以放在桌面四边的任意边上

4. 如果要移动某个窗口，可以将鼠标指针指向该窗口的（　　），然后拖动鼠标即可。

　　A. 工作区　　　　　B. 任意位置　　　　C. 控制菜单框　　　D. 标题栏

5. 下列有关回收站的说法正确的是（　　）。

　　A. 回收站可暂时存放被用户删除的文件

　　B. 回收站的文件是不可恢复的

　　C. 被用户永久删除的文件也会在回收站中存放一段时间

　　D. 以上说法均不正确

6. Windows XP 中的任务栏是用于显示（　　）。

　　A. 当前窗口的图标

  B. 所有被最小化的窗口的图标

  C. 所有已经打开的窗口的图标

  D. 除当前窗口以外的所有已经打开的窗口的图标

7. 资源管理器左边窗口中的文件夹或驱动器的加号【＋】表示（　　）。

  A. 加法运算   B. 文件夹的增加

  C. 该文件夹包含子文件夹   D. 文件夹的移动

8. 当一个应用程序窗口被最小化时，该应用程序将被（　　）。

  A. 终止执行   B. 暂停执行   C. 后台执行   D. 关闭

9. 关闭应用程序的快捷组合键为（　　）。

  A. Alt ＋ F1   B. Alt ＋ F2   C. Alt ＋ F4   D. Alt ＋ F8

10. 打开资源管理器的快捷组合键为（　　）。

  A. Win ＋ E   B. Shift ＋ E   C. Ctrl ＋ E   D. Alt ＋ E

二、填空题

1. 操作系统是控制和管理计算机系统内的各种硬件和软件资源、有效地组织多道程序运行的（　　），是用户与计算机之间的（　　）。

2. 操作系统按使用环境分为批处理系统、分时系统和（　　），按硬件结构分为（　　）、多媒体系统和（　　）。

3. 在鼠标的操作中，（　　）是指按下左键后释放，（　　）是指较快、连贯地单击两次左键。

4. 键盘盘面可分为四个区，（　　）、（　　）、（　　）和数字键区。

5. 在键盘中，（　　）称为换档键，与双字符键同时用可获得上档字符；同时按下此键和英文字母键 e，可以输入（　　）。

6. 在窗口最上部用于显示应用程序名、驱动器名、文件夹名或文档名，以便识别不同的窗口称为（　　）。

7. 在窗口中位于菜单栏下方，包括一些常用的功能按钮，如复制、剪切的组成元素称为（　　）。

8. 扩展名为 . exe 的文件类型为（　　），扩展名为 . doc 的文件类型为（　　）。

9. 在 Windows XP 中可以进行文件和文件夹管理的应用程序为（　　）和（　　）。

10. 常用的汉字输入法包括（　　）、（　　）和音形输入法三种。

三、简答题

1. 简述操作系统的概念和功能。

2. 简述 Windows XP 的文件命名规则。

3. 简述 Windows XP 的回收站的功能。

4. 简述复制和移动文件的方法。

四、上机操作题

1. 启动 WindowsXP，打开我的电脑窗口，做以下练习。

（1）最大化窗口，观察控制按钮状态，恢复窗口。

（2）最小化窗口，观察任务栏中程序按钮，恢复窗口。

（3）调整窗口大小、位置。

（4）打开窗口控制菜单，观察各选项功能和快捷键。

（5）采用三种以上方法关闭窗口。

2. 定制任务栏，使其不显示快速启动栏，恢复设置。

3. 打开 Windows 附件中的任意 3 个程序，在任务栏中以不同的方式排列已经打开的窗口，在各窗口间分别利用鼠标和键盘进行切换。

4. 打开资源管理器，进行如下操作。

（1）在 E 盘（也可以是其他盘符，视计算机当前硬盘情况）根目录下建立以自己名字拼音为名的文件夹。

（2）在上题建立的文件夹中建立 3 个子文件夹，分别命名为 file1、file2 和 file3。

（3）在 file1 中建立子文件夹 test，将其属性设置为"隐藏"。

（4）在 test 中建立名为 text. txt 的文本文件，其中输入内容为"计算机基础考试"。

（5）将 text. txt 文件属性设为"隐藏"和"只读"。

（6）将 text. txt 文件复制到 file2 和 file3 文件夹中。

（7）修改 file2 文件夹中的 text. txt 的扩展名为 . bat。

（8）修改 file3 文件夹中的 text. txt 文件内容为自己的姓名学号。

第 3 章　文字处理软件 Word 2003

考核要点

1. Word 2003 文档基本操作
2. Word 2003 文字编辑技术
3. Word 2003 文本格式设置
4. 段落格式设置
5. 表格操作技术
6. 表格中的数据操作
7. 图文混排技术

3.1　Word 2003 文档基本操作与文字编辑技术

3.1.1　Word 2003 的启动与退出

在使用 Word 2003 之前，必须先将其启动；当完成编辑工作后，再退出 Word 2003，本节介绍 Word 2003 启动与退出的方法。

1. Word 2003 的启动

可以由以下几种方式启动 Word 2003。

(1) 通过【开始】菜单启动程序

用户执行【开始】|【所有程序】|【Microsoft Office】|【Microsoft Office Word 2003】命令可以启动 Word 2003，如图 3-1 所示。

图 3-1　从开始菜单中启动 Word

（2）通过文件启动

在我的电脑中任意一文件夹下，双击 Word 2003 文件，也可以启动 Word 2003，如图 3-2 所示。

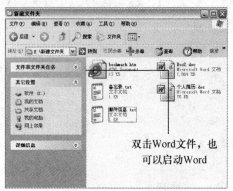

图 3-2　双击 Word 文件开始 Word

2. 退出 Word 2003

当完成所有文档编辑工作后，可以执行【文件】|【退出】命令，退出 Word 2003，如图 3-3 所示。

如果 Word 2003 打开了多个文件，那么会将所有的文件关闭，然后再退出 Word。关闭文档时，如果文档没有保存，系统会给出提示，让用户确定是否保存，如图 3-4 所示。单击【是】按钮保存文档，单击【否】不保存文档，单击【取消】按钮则中止关闭操作，返回编辑状态。

图 3-3　Word 文件菜单选择退出

图 3-4　是否保存对话框

3.1.2　Word 2003 的工作界面

启动 Word 2003 后，其工作主界面如图 3-5 所示。

（1）标题栏

标题栏位于主窗口的最上方，用来指示当前所使用的软件名称及所编辑的文档名，窗口最小化控制按钮，最大化控制按钮和关闭按钮，如图 3-6 所示。

图 3-5　Word 工作界面

图 3-6　标题栏

（2）菜单栏

菜单栏是 Word 所有功能的集合地，其中包含了 Word 2003 的所有命令。它包括 9 个菜单，分别是文件、编辑、视图、插入、格式、工具、表格、窗口和帮助。每个菜单项都有相应的子菜单，如图 3-7 所示。

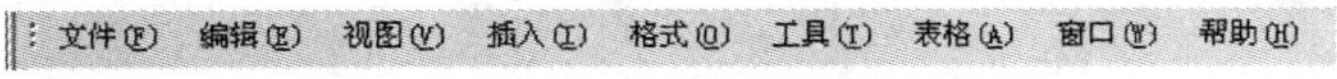

图 3-7　菜单栏

（3）工具栏

工具栏由许多常用工具按钮组成，如图 3-8 所示。每个工具按钮代表一个常用命令，使用它时，只要用鼠标单击就行了，免除了用菜单操作的麻烦。

图 3-8　工具栏

（4）文档编辑区

文档编辑区也称为文档窗口，是 Word 中最为重要的区域，如图 3-9 所示。在编辑区内用户可以输入文本，对文档进行编辑、修改和排版。插入点（一条闪烁的竖线）；竖形鼠标指标；段落结束标志【↵】。

图 3-9　文档编辑区

（5）任务窗格

任务窗格是 Word 2003 新添加的一个内容，任务窗格的出现将一些多层次的菜单操作直接以直观的方式显示出来，非常方便用户进行操作，如图 3-10 所示。通常任务窗格包括【新建文档】、【剪贴板】、【搜索】、【插入剪贴画】、【样式和格式】、【显示格式】、【邮件合并】和【翻译】几个组。

（a）开始工作任务窗格

（b）样式和格式任务窗格

（c）新建文档任务窗格

图 3-10　任务窗格

（6）状态栏

状态栏位于 Word 2003 窗口的最下端位置，如图 3-11 所示。它的主要作用是显示当前文档的一些状态信息，如当前的文档总页数、当前光标所处位置、当前正在使用的工具栏按钮属性、正在进行的操作等信息。

图 3-11　状态栏

3.1.3　文档基本操作

进入 Word 2003 后，主要工作是对文档进行操作，文档的基本操作主要内容包括新建文档、关闭文档、预览文档和打印文档等内容。

1. 新建文档

如果从【开始】菜单启动 Word 2003，系统会自动建立一个空白文档，并默认其文件名为【文档 1】。

除此之外，Word 还有以下两种方式新建文档。

（1）从菜单新建文档

① 在 Word 2003 中，执行【文件】|【新建】命令，打开【新建文档】任务窗格，如图 3-12 所示。

图 3-12　新建文档

② 在新建任务窗格中，单击【空白文档】按钮，系统会自动建立一个空白文档。

（2）通过快捷方式新建文档

单击常用工具栏中的创建新文档按钮，或者按 Ctrl + N 组合键均可以快速新建文档。

2. 打开文档

在 Word 2003 中，可以方便地将以前保存的 Word 文档打开。有两种方式可以打开一个已经存在的文档。

（1）通过【菜单】操作

① 执行【文件】|【打开】命令，弹出【打开】对话框，如图 3-13 所示。

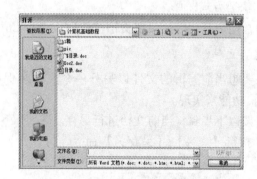

图 3-13 打开文档

② 在【打开】对话框中，在【查找范围】下拉列表中找到文件所在的文件夹，在文件夹中选择要打开的文件，单击【打开】按钮，则会将选中的文件打开。

（2）快捷方式打开

单击常用工具栏中的打开文档按钮或者按 Ctrl + O 组合键均可以打开文档。

3. 保存文档

在使用 Word 2003 编辑文档时，必须注意随时保存文档，如果在编辑过程中遇到停电或者系统故障而文档没有保存，那么文档中的信息就有可能丢失。

在 Word 2003 中保存文档的操作非常简单，有两种比较简单的方法。

（1）通过【菜单】操作

使当前文档处于工作状态，执行【文件】|【保存】命令，可以将当前文档保存，如图 3-14 所示。

如果是第一次保存文件，则会弹出【保存】对话框，如图 3-15 所示，按以下步骤进行操作。

① 在【保存位置】下拉列表框中，选择文件要保存的位置。

② 在【文件名】栏中，输入要保存的文件名。

③ 单击【保存】按钮，将会按以上设置保存文件。

图 3-14 保存文档

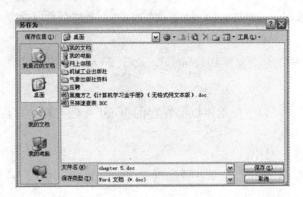

图 3-15　【另存为】文档窗口

（2）快捷方式保存

单击常用工具栏中的保存文档按钮█或者按 Ctrl + S 组合键均可以保存文档。

4. 另存文档

如果要想当前编辑的文件以另外一个文件名保存，此时可以运用 Word 2003 提供的【另存为】功能来实现。

可以按以下步骤将当前文档进行另存。

（1）执行【文件】|【另存为】命令，打开【另存为】对话框，如图 3-16 所示。

图 3-16　另存文档

（2）在【另存为】对话框中进行相应设置，操作方法跟【保存】文件一样。

5. 退出文档

退出文档和退出 Word 不同，退出文档只会将当前文档关闭，并不会将 Word 软件关闭，系统打开的 Word 文档也不会受影响。

（1）通过菜单操作

执行【文件】|【关闭】命令，可以将当前文档关闭，如图 3-17 所示。

图 3-17　退出文档

（2）快捷方式退出

单击常用工具栏中的保存文档按钮 ✕ 或者按 Ctrl + W 组合键均可以退出文档。初学者一定要留意关闭程序与关闭当前文件按钮的区别，如图 3-18 所示。

图 3-18　关闭程序

6. 删除文本

对于不需要的字符或者输入错了的字符，可以将其删除。在 Word 2003 中按 Backspace 和 Delete 键可以逐字删除，如果要删除一大段文本或者不相邻的文本，则可以按以下步骤进行。

（1）选定要删除的文本，如图 3-19（a）所示。

（2）按下 Delete 键，将文本清除，效果如图 3-19（b）所示。

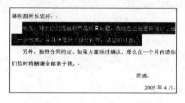
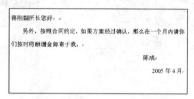

(a) 选定字符　　　　　　　　　　　(b) 删除字符后

图 3-19　删除文本

7. 查找与替换文本

在文档编辑过程中，有时需要查找文档中的一些字符，或者将文章中的一些字符换成另外的字符，这时就可以使用 Word 2003 提供的查找与替换功能了。

查找就是在文档中找到指定文本出现的位置，具体操作步骤如下。

（1）把光标定位到查找操作开始的地方。如对全文进行查找，则把光标定位到文档开始部分。

（2）执行【编辑】|【查找】命令，打开【查找和替换】对话框，默认打开的是【查找】选项卡，如图 3-20 所示。

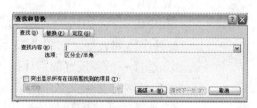

图 3-20　查找文本

（3）在【查找内容】文本框中输入要查找的内容，如"输入"。单击【查找下一处】按钮，则会对全文进行包含"输入"文字内容的查找，并将结果以反白显示，如图 3-21 所示。

Word 2003 提供了在文档中查找指定内容并将其替换为其他内容的强大功能，具体操作步骤如下。

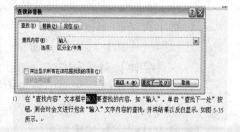

图 3-21　输入查找内容

（1）执行【编辑】|【替换】命令，打开【查找和替换】对话框的【替换】选项卡，如图 3-22 所示。

（2）在【查找内容】文本框中，输入要查找的内容；在【替换为】文本框输入要替换的内容。如在【查找内容】文本框中输入"输入"，在【替换为】文本框中输入"键入"，系统会将文档中所有"输入"替换为"键入"。

图 3-22　替换文本

3.1.4　文本格式设置

文档编辑完成后，还可以对文档进行各种格式设置，以使其更为美观，对文章中的各类文字设置不同的样式是最通常美化文档的方法，本节介绍如何在文档中设置字符的格式。

1. 设置字体

字体是字符的形状，字体有英文字体和中文字体之分，Word 2003 中系统默认中文字体是宋体，默认英文字体是 Times New Roman。

字体的设置方法非常简单，在 Word 2003 中有两种方式可以设置字体。

（1）通过工具栏设置字体

通过工具栏设置字体的操作步骤如下。

图 3-23　字体格式

① 选中要设置字体的文本。

② 单击工具栏中字体下拉列表框 宋体 右边的下拉按钮，打开字体列表框，如图 3-23 所示。

③ 选择一种要设置的字体即可。字体名称是英文的表示是英文字体，字体名称是中文名称的表示是中文字体。

（2）通过【格式】菜单进行设置

通过【格式】菜单进行字体设置的操作步骤如下。

① 选中要设置字体的文本。

② 执行【格式】|【字体】命令，打开【字体】对话框，如图 3-24 所示。

③ 在【字体】对话框中进行如下操作：

● 在【中文字体】列表中设置中文字体；

● 在【西文字体】列表中设置英文字体；

④ 单击【确定】按钮即可。

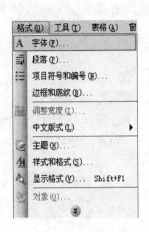 

图 3-24 【字体】对话框

2. 设置字号

字号表示字符的大小，Word 2003 中默认的字号大小是五号，常见字号示例如图 3-25 所示。

字号的设置跟字体的设置方法基本相同，其操作步骤如下所示。

（1）选中要设置字号的文本。

（2）单击工具栏中字号下拉列表框 五号 ▾ 右边的下拉按钮 ▾ ，打开字号下拉列表框，如图 3-26 所示。

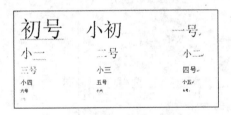 

图 3-25 字号对比　　　　　　　　　　　**图 3-26 字号**

（3）选择一种要设置的字号即可。

3. 设置字形

汉字的字形与效果有粗体、倾斜、下划线、粗体、斜体、下划线等格式，如图 3-27 所示。

图 3-27 字形

选中要设置的文本后，单击【格式】工具中的【加粗】按钮 **B**、【倾斜】按钮 **I** 或【下划线】按钮 **U**，可以在工具栏中设置文本的字形。

选中要设置的文本后，直接按 Ctrl + B（加粗）组合键、Ctrl + I（倾斜）组合键、Ctrl + U（下划线）组合键也可以设置汉字的字形。

3.2　段落排版

由 Enter 结束的文本即为一个段落，段落可以是文字也可以是图片。段落格式主要包括段落对齐方式、段落缩进距离、行距和段前段后距等。设置段落格式时通常不用选定整个段落，而只把光标置于段落中任意位置即可。

3.2.1　段落对齐方式

1. 段落的水平对齐

段落的水平对齐方式包括左对齐、右对齐、居中对齐、两端对齐和分散对齐。

左对齐：文档左端对齐，右端允许不齐，多用于英文文档。

右对齐：文档右端对齐，左端允许不齐，多用于文档末尾的签名和日期等。

居中对齐：文档自动居于版面的中央，一般用于文档标题。

两端对齐：Word 自动调整文档两侧都对齐，多用于中文文档。

分散对齐：文档自动均匀分散充满版面，多用于制作特殊效果。

选择【格式】菜单中的【段落】命令，在弹出的【段落】对话框中，选择【缩进和间距】选项卡（如图 3-28 所示）。在【对齐方式】列表中可以选择各种对齐方式。

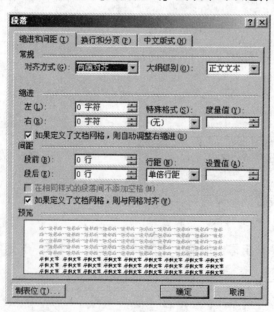

图 3-28　【段落】对话框

各种对齐效果如图 3-29 所示。从上至下分别采用居中对齐、两端对齐、分散对齐和右对齐。

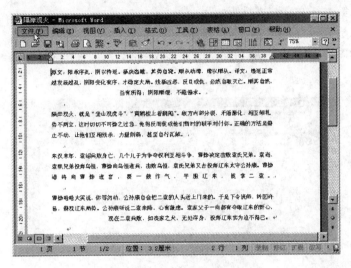

图 3-29　段落水平对齐方式示例

2. 段落的垂直对齐

　　设置段落的垂直对齐方式可以改变段落在版面中的垂直位置。例如，制作文档封面时，对标题使用垂直对齐中的【居中】对齐，则可将标题置于版面中央。

　　选择【文件】菜单中的【页面设置】命令在弹出的【页面设置】对话框（如图 3-30所示）中选择【版式】选项卡，改变【垂直对齐方式】下拉框中的选项，选择【顶端对齐】、【居中】、【两端对齐】和【底端对齐】四种方式中的一种。

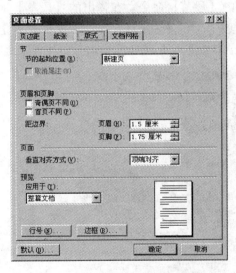

图 3-30　【页面设置】对话框

3.2.2　段落缩进方式

　　段落的缩进方式包括整段左缩进、整段右缩进、首行缩进和悬挂缩进。
　　左缩进：整段文字在版面中向右缩进排版。
　　右缩进：整段文字在版面中向左缩进排版。

首行缩进：第一行文字缩进排版。

悬挂缩进：除第一行外的文字缩进排版。

缩进效果如图 3-31 所示。从上到下的 4 段文字分别采用了首行缩进、悬挂缩进、左缩进和右缩进。

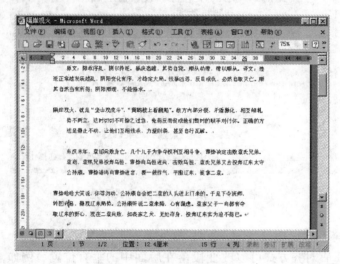

图 3-31　段落缩进效果示例

设置段落的缩进效果可以采用菜单的方式，也可以采用拖动标尺的方式。

1. 使用菜单

选择【格式】菜单中的【段落】命令。在弹出的【段落】对话框（如图 3-32 所示）中选择【缩进和间距】选项卡。在【左】、【右】下拉框中设定左右缩进。在【特殊格式】栏中选择首行缩进或悬挂缩进，并在【度量值】栏中设定缩进大小。

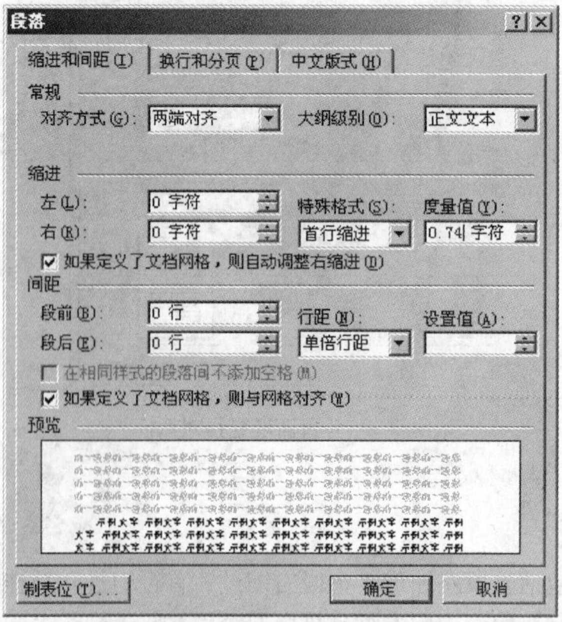

图 3-32　【缩进和间距】选项

2. 使用标尺

使用拖动标尺的方法设置缩进更加简单快捷，标尺可以在 Word 页面中找到。

标尺上左边的倒三角按钮为首行缩进按钮，正三角按钮为悬挂缩进按钮，长方形按钮为左缩进按钮；标尺右侧的正三角按钮为右缩进按钮。

标尺的使用方法为。用鼠标左键按住相应缩进方式的按钮并拖动到所需位置即可。若需要精确设定缩进位置，可按住 Alt 键并拖动。

3.2.3　行距和段前、段后距设置

设置段落中的行距可以改变段落中每行文字之间的距离，选择改变行距可以提高文档的可读性。设置段前、段后距可以改变段落和前一段落或后一段落之间的距离，一般标题都应增大段前、段后距。

选择【格式】菜单中的【段落】命令，在弹出的【段落】对话框中选择【缩进和间距】选项卡（如图 3-32 所示）。在【间距】区域内设置段前、段后距和行距。

设定行距时可以选择多种行距。

单倍行距：指单行间距，但是如果文档中插入了大字体、公式等对象时，Word 2003会自动调整插入行的高度。

1.5 倍行距、2 倍行距：顾名思义分别为单行间距的 1.5 倍和 2 倍。

多倍行距：指更多行的行距。

最小值：指行间距最小值为指定的数值，但是如果文档中插入了大字体、公式等对象时，Word 会自动调整插入行的高度。

固定值：指严格按照【设定值】栏中设定的行间距，如果文字字号大于行距，文字会被剪切掉。

若要自定义行距，在单倍行距、1.5 倍行距、2 倍行距或多倍行距状态下在【设定值】框中输入自定义的行距，例如输入 1.2。

各种行距效果如图 3-33 所示。从上至下的三个段落分别为：自定义的 1.5 倍行距、固定值 9 磅的行距、最小值 17 磅的行距。

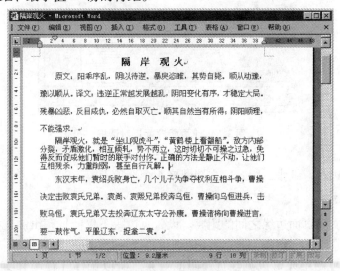

图 3-33　行距效果

3.2.4　复制段落格式

格式刷在复制段落格式时的用法介绍如下。

（1）将光标置于源段落中的任意位置。

（2）单击常用工具栏中的【格式刷】按钮，光标外观变为刷子状。

（3）单击目标段落中的任意位置，完成格式复制操作。

3.3　页面布局

对于一篇优秀的文档，在进行页面排版之前必须进行页面布局，然后根据页面布局进行页面排版操作。下面就介绍页面布局的各种操作。

3.3.1　页面设置

一篇文档，无论是作为书籍的一部分，还是作为论文或文件，都必须进行页面设置。页面设置包括文档的编排方式以及纸张的大小等。可单击【文件】菜单的【页面设置】菜单项，打开【页面设置】对话框进行页面设置，如图 3-34 所示。

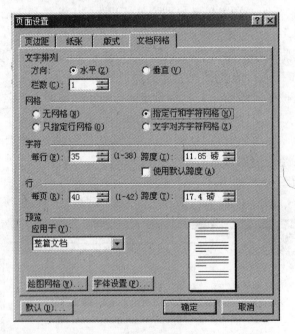

图 3-34　【页面设置】对话框

对话框有页边距、纸张、版式、文档网格 4 个选项卡。

1. 设置页边距

页边距是正文和页面边缘之间的距离。设置页边距不仅使打印出的文档美观，而且后文将讲到的页眉、页脚和页码都是在页边距中的图形和文字。

只有在页面视图中才可以见到页边距的效果。所以选择【视图】菜单中的【页面】

命令切换到页面视图。设置页边距可以使用对话框和标尺两种方法。

使用对话框设置页边距的方法介绍如下。

（1）选择【文件】菜单中的【页面设置】命令，弹出【页面设置】对话框。

（2）选择【页边距】选项卡。

（3）在【上】、【下】、【左】、【右】栏中分别输入页边距的数值。

（4）选择【纵向】或【横向】决定文档页面的方向。

（5）如果在【页码范围】区选用了【对称页边距】、【拼页】、【书籍折页】或【反向书籍折页】，则上述各栏会稍有不同，请对照预览的效果设置。

（6）如果打印后需要装订，在【装订线】框中输入装订线的宽度，在【装订线位置】框中选择【左】或【上】。

（7）如果需要在同一篇文档中采用不同的页边距，请在设置前将光标置于不同页面设置的分界处，并在【应用于】框中选择【插入点之后】，若选择了【整篇文档】，则所有文档的页边距都会被改变。也可以选定不同设置的文本，并在【应用于】选项中选择【所选文字】。

（8）如果要将当前设置恢复为默认的设置，单击【默认】项。

使用标尺也可以设置页边距，不过通过标尺设置的页边距会被应用于整篇文档。这里使用水平标尺设置左右页边距，使用垂直标尺设定上下页边距。如果页面上没有标尺，则选择【视图】菜单中的【标尺】命令显示标尺。如果这时看不到垂直标尺，则先选择【视图】菜单中的【页面】命令切换到页面视图；再选择【工具】菜单中的【选项】命令，在弹出的【选项】对话框中选择【视图】选项卡，选中【垂直标尺】复选框。此时 Word 2003 页面如图 3-35 所示。

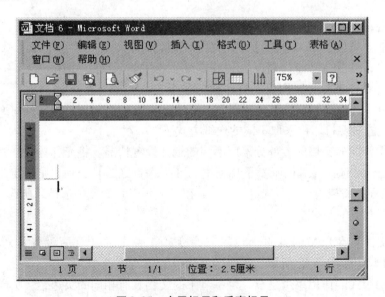

图 3-35　水平标尺和垂直标尺

水平和垂直标尺中的灰色区域宽度就是页边距的宽度，要改变页边距只需使将鼠标移动到标尺中页边距的边界上，当鼠标外观变为双向箭头后单击拖动到改变的位置即可。若需要精确设定，则按住 Alt 键后拖动。

2. 纸张大小

如果文档要打印出来，则应该使用纸张选项，设定打印纸张的大小、来源等。

（1）选择【文件】菜单中的【页面设置】命令，弹出【页面设置】对话框。

（2）选择【纸张】选项卡（如图 3-36 所示）。

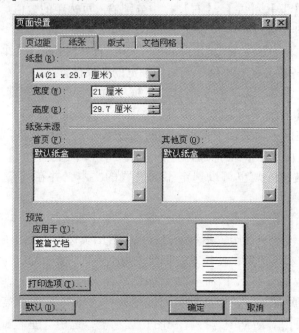

图 3-36　【页面设置】对话框中的【纸张】选项卡

（3）在【纸型】下拉框内选择打印纸型，如 A4、A5、B4、B5、16 开、32 开等标准纸型。这时在【高度】和【宽度】栏中会显示纸张的大小。也可以在【纸型】中选择【自定义大小】，然后自己在【高度】和【宽度】栏中输入纸张大小。

（4）在【纸张来源】区内定制打印机的送纸方式。用【首页】栏为第一栏选择一种送纸方式，用【其他页】栏为其他页设置送纸方式。比如第一页打印文档封面，以后打印的是内容，可能需要打印机采取不同的送纸方式。

（5）当需要同一文档的大部分采用不同的纸张设置情况。将光标置于文档的不同纸张设置的分界处，并选择【应用于】下拉框中的【插入点之后】选项，则新定制的纸张选项应用于光标后面的文档中。也可选定文字后，在【应用于】选项中选择【所选文字】项。

3. 版式

选择【文件】菜单中的【页面设置】命令，在弹出的【页面设置】对话框中选择【版式】选项卡（如图 3-37 所示）可以为文档设置版式。

（1）文档版式的作用单位是节，每一节中的文档具有相同的页边距、页码格式、页眉和页脚、列的数目等版式设置。在【版式】选项卡中的【节的起始位置】下拉框中选择当前节的起始位置。

（2）在【页眉和页脚】区内，选中【奇偶页不同】复选框，可以在奇数页中使用一种页眉和页脚，在偶数页中使用另一种；选中【首页不同】复选框，可以在文档或节的首页中使用一种不同的页眉和页脚。

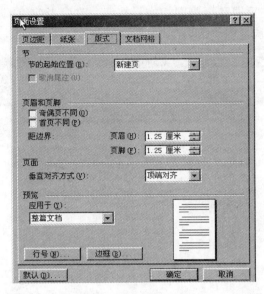

图 3-37 【页面设置】对话框中的【版式】选项卡

（3）在【距边界】区中【页眉】和【页脚】框中输入页眉和页脚分别距页边距的距离；在【垂直对齐方式】中选择一种页面的垂直对齐方式。

（4）如果需要为文档的每一行添加编号，单击【行号】按钮，弹出【行号】对话框（如图 3-38 所示）。【行号】对话框的使用方法为：在其中选中【添加行号】复选框；在【起始编号】栏中填写起始编号；在【距正文】栏中填写行号与正文的距离；在【行号间隔】栏中选择每几行添加一个行号；在编号方式中有【每页重新编号】、【每节重新编号】或是【连续编号】3 种方式。最后单击【确定】按钮完成操作。

图 3-38 【行号】对话框

（5）若要为页面添加边框，单击【边框】按钮，弹出【边框和底纹】对话框，详细的介绍请参照第四章中对于边框和底纹的讨论。

（6）最后在【应用于】下拉框中可以设置所改变的版式应用于【整篇文档】、【所选文字】、【插入点后】或【本节】。然后单击【确认】按钮，完成操作。

3.3.2 页眉和页脚

文档每页中都相同的内容，如文章标题、作者、页码、日期等都可以放在页眉和页脚区域中。

1. 进入页眉和页脚方式

编辑页眉和页脚要首先切换到页眉和页脚编辑窗口。选择【视图】菜单中的【页眉和页脚】命令，这时即进入了页眉和页脚方式，并弹出【页眉和页脚】工具栏（如图 3-39 所示）。

这时可以在页眉或页脚区内编辑，编辑方法和编辑正文文档类似。可以通过【页眉和页脚】工具栏中的【在页眉和页脚间切换】按钮，改变当前编辑的对象为页眉或页脚，也可以直接在页眉或页脚区内单击切换。

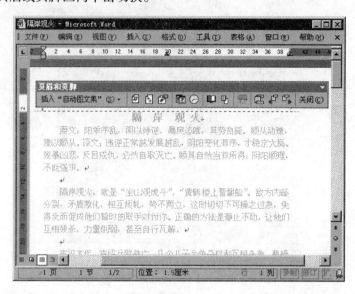

图 3-39　页眉示例

2. 制作页眉页脚

编辑页眉和页脚时，可以与编辑正文文档的方式类似使用菜单或工具栏等编辑，也可以使用【页眉和页脚】工具栏快速地插入所需的内容。这里插入的都是各种域，"域"简单地说就是文档中的动态内容。例如，在页眉中插入页码域后，每页的页码会自动产生，不用手动调整；而插入时间域后每次打开文档的时候，时间域都会更新为当前时间。编辑之前一定要先进入到页眉页脚方式。

这里介绍【页眉和页脚】工具栏的各个按钮的功能。

【插入自动图文集】：单击此按钮，弹出下拉菜单，其中列出了 Word 中常用于页眉和页脚的自动图文集词条。选择相应的命令将词条加入到页眉或页脚中。例如，在下拉菜单中选择【创建日期】可以把当前日期域插入，选择【第 X 页共 Y 页】则插入当前页号和文档总的页数。

【插入页码】：单击此按钮，可以将当前页码插入光标处，插入的页码为自动更新的，即文档改变后页码总是连续的。

【插入页数】：单击此按钮可以自动显示文档的页数。

【设置页码格式】：单击此按钮弹出【设置页码格式】对话框，【插入日期】。单击此按钮，插入随时更新的日期域，插入后每次打开文档显示的都是当前的日期。

【插入时间】：单击此按钮，插入随时更新的时间域，插入后每次打开文档显示的都是当前的时间。

【页面设置】：单击此按钮，弹出【页面设置】对话框中的【版式】选项卡，关于如何进行页面设置操作。

【显示/隐藏文档文字】：单击此按钮可以显示或隐藏文档中的正文。

【同前】：在文档划分为多节时，使用此按钮可以使当前节的页眉和页脚设置同前一节的页眉和页脚设置一致。

【在页眉和页脚间切换】：使用此按钮可以使光标从页眉编辑区切换到页脚编辑区或从页脚编辑区切换到页眉编辑区。

【显示前一项】：如果文档划分为多节，或设置了首页与其他页使用不同页眉页脚，或是奇偶页使用不同页眉或页脚，使用此按钮可以进入前一节的页眉或页脚。

【显示下一项】：使用此按钮可以进入后一节的页眉或页脚，使用时机同【显示前一项】按钮。

还有几种特殊的页眉和页脚效果，包括首页不同的页眉页脚和奇偶页不同的页眉页脚，在前文介绍页面设置时已经讲过了。具体方法是：选择【页眉和页脚】工具栏中的【页面设置】按钮，打开【页面设置】对话框中的【版式】选项卡；在其中的【页眉和页脚】区选择【首页不同】和【奇偶页不同】复选框进行设置；还可以在其中设置页眉和页脚距页面边缘的距离。

在页眉和页脚编辑窗口中，直接用标尺也可以设置页边距和页眉页脚距页面边缘的距离。方法和在文档编辑状态下设置页边距类似，将鼠标置于标尺颜色变化的地方，当鼠标外观变为双向箭头时，单击并拖动到合适位置。

3. 修改和删除页眉或页脚

修改和删除页眉或页脚的操作很简单。首先，进入页眉和页脚方式，若要修改页眉和页脚，只要在页眉和页脚区内修改后单击【页眉和页脚】工具栏中的【关闭】按钮或双击正文文档编辑区即可退出；若要删除页眉和页脚，则在页眉和页脚区内删除所有的内容后退出即可。

3.3.3　使用页码

1. 设置页码

前面介绍了在【页眉和页脚】工具栏中可以使用【插入页码】和【设置页码格式】按钮打开对话框设置页码。不进入页眉和页脚区也可以通过打开相应的对话框插入页码，具体方法如下。

（1）选择【插入】菜单中的【页码】命令。

（2）在弹出的【页码】对话框（如图 3-40 所示）中使用【位置】下拉框来设置页码位置；使用【对齐方式】下拉框来设置对齐方式后，单击【确认】按钮插入页码。

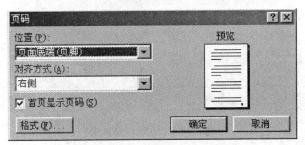

图 3-40　【页码】对话框

（3）若需要进一步设置页码，单击【页码】对话框中的【格式】按钮，弹出【页码格式】对话框（如图 3-41 所示），在其中的【数字格式】下拉框中选择不同的页码数字

图 3-41 【页码格式】对话框

格式。若需要页码中包含章节号，则选择【包含章节号】复选框，然后在【章节起始样式】下拉框中选择包含的章节号的级别，再在【使用分隔符】下拉框中选择分隔符；在【页码编排】区内设置页码的起始值，可以为分节的文档设置连续的页码，也可以重新设置起始值；最后单击【确定】按钮完成操作。

2. 修改和删除页码

若需要对页码进行修改，则可以使用上述对话框。也可以进入页眉和页脚区，在页脚编辑区中找到设置的页码，而页码实际上是一个图文框，可以使用鼠标拖动设定它的位置，若要精确设定位置则按住 Alt 键后拖动。

若要删除页码，则只要在页眉和页脚区内删除页码的图文框即可。

3.3.4 边框和底纹

Word 2003 中的对象不仅包括文本，还有段落、图像和图形等，我们都可以为这些对象添加边框和底纹。以下先讲述如何给文本和段落加边框和底纹。

1. 给文本加边框

给文本加简单的边框时，可以单击【格式】工具栏中的【字符边框】按钮添加单线边框。想要给选定的文本添加不同样式的边框，我们可以这样来实现。

（1）在文档中选定要添加边框的文本。

（2）选择菜单【格式】|【边框和底纹】命令，这时弹出【边框和底纹】对话框。

（3）单击【边框】选项卡，出现如图 3-42 所示的对话框。

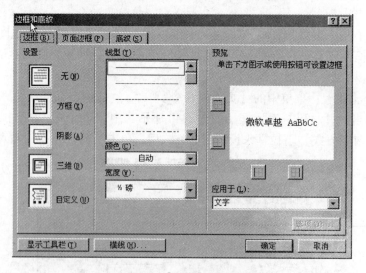

图 3-42 【边框】选项卡

（4）在【设置】选项区中提供了 5 种不同样式的边框：无、方框、阴影、三维、自定义。

（5）在【线型】列表框中选定边框的线型。

（6）在【颜色】列表框中选择边框的颜色。

（7）在【宽度】列表框中选择边框线的宽度。

（8）在【应用于】列表框中选择【文字】选项。

（9）单击【确定】按钮完成，结果如图 3-43 所示。

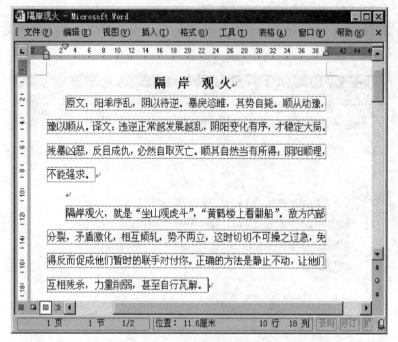

图 3-43　给文本加边框示例

2. 给文本添加底纹

给文本添加底纹的方式也有两种。一是单击【格式】工具栏中的【文字底纹】按钮可以给选定的文本添加灰色的底纹；二是利用菜单【格式】|【边框和底纹】命令来添加不同颜色的底纹。下面介绍第二种添加底纹的方法。

（1）选定要添加底纹的文本。

（2）选择菜单【格式】|【边框和底纹】命令，弹出边框和底纹对话框。

（3）单击【底纹】选项卡，出现如图 3-44 所示的【底纹】选项卡。

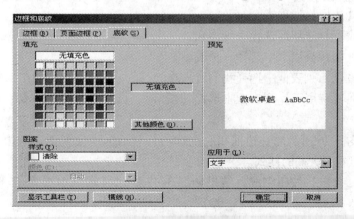

图 3-44　【底纹】选项卡

（4）在【填充】框中选择底纹的背景颜色。

（5）在【样式】列表框中选择底纹的样式。

（6）在【颜色】列表框中选择填充底纹的颜色，在预览框中可以浏览到添加颜色后的效果。

（7）从【应用于】列表框中选择【文字】。

（8）单击【确定】按钮完成。如图 3-45 所示的文字就是添加底纹的效果（示例中底纹样式选择【浅色网格】）。

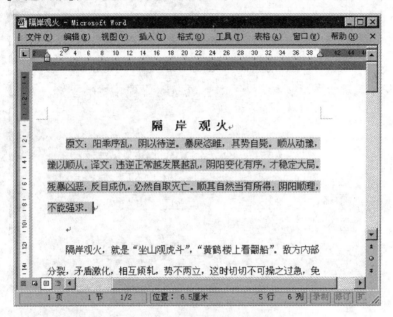

图 3-45   文字添加底纹示例

3. 给段落添加边框

某一段或者若干段文本加边框是为了使其与其他文档区别开来。

（1）选定要添加边框的段落（一个或者是多个），在这里如果仅仅给一个段落添加，那么可以把插入点移动到该段的任何位置。

（2）选择菜单【格式】|【边框和底纹】命令，打开边框和底纹对话框。

（3）单击【边框】选项卡。

（4）在【设置】选项区选择一种样式。

（5）在【线型】列表框中选择一种线型。

（6）在【颜色】列表框中选择我们所喜欢的颜色，这样可以打印出来彩色的文档。

（7）注意在【应用于】列表框中选择【段落】，这时【选项】按钮由灰色变为黑色，表示已经可选。

（8）在如图 3-46 所示的【边框和底纹选项】对话框中设置正文与边框之间的距离，在预览区内可以看到大概的样式。

（9）单击【确定】按钮完成，结果如图 3-47 所示（示例中选择了【阴影】样式和【双线】线型）。

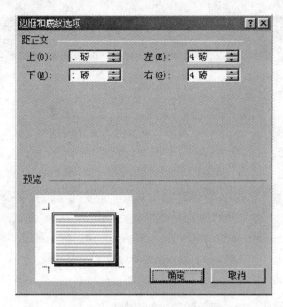

图 3-46　【边框和底纹选项】对话框

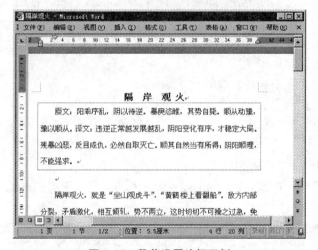

图 3-47　段落设置边框示例

4. 给段落的单边添加边框

当用户给文字加边框时，只能给文字的周围全加上边框，但是对于段落可以指定给其中的某条边添加边框。以示例文档第二段来说，要求只给上、下两条边加上双线边框，左右不加边框，做法如下。

（1）选定要添加边框的段落，把插入点移动到第二段中的任意位置。

（2）选择菜单【格式】|【边框和底纹】命令，弹出对话框。

（3）注意在【应用于】列表框中选择【段落】。

（4）在【线型】列表框中选择【双线】。

（5）单击【预览】框中的【右边框】按钮，此时图示中的右边框不显示。

（6）单击【预览】框中的【左边框】按钮，此时图示中的左边框不显示。

（7）单击【确定】按钮完成（如图 3-48 所示）。

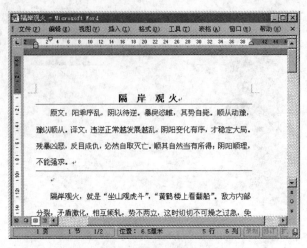

图 3-48　给段落的单边添加边框示例

5. 给段落添加底纹

如果要给段落添加底纹时，则可以这样来操作。

（1）选定要添加底纹的段落，如果只给一段添加底纹，可以把插入点移动到该段中的任意位置。

（2）选择菜单【格式】|【边框和底纹】命令，打开对话框。

（3）单击【底纹】选项卡。

（4）在【填充】框中选择底纹的背景颜色。

（5）在【样式】列表框中选择底纹的样式。

（6）在【颜色】列表框中选择填充底纹的颜色，在预览框中可以浏览到添加颜色后的效果。

（7）从【应用于】列表框中选择【段落】。

（8）单击【确定】按钮完成，如图 3-49 所示即段落添加底纹的效果（示例【浅色竖线】样式的底纹）。

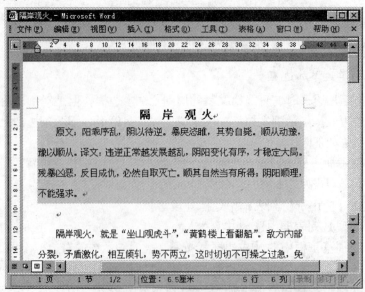

图 3-49　给段落的单边添加底纹示例

6. 删除添加的边框

如果要删除文本中已经添加的边框，则可以这样操作。

(1) 选定已经添加边框的文字或者段落。

(2) 选择菜单【格式】|【边框和底纹】命令，打开【边框和底纹】对话框。

(3) 在【设置】框中选择【无】选项。

(4) 单击【确定】按钮完成。

7. 删除添加的底纹

如果要删除文本中已经添加的底纹，则可以这样操作。

(1) 选定已经添加底纹的文字或者段落。

(2) 选择菜单【格式】|【边框和底纹】命令，打开【边框和底纹】对话框。

(3) 单击【底纹】选项卡。

(4) 在【填充】框中选择【无填充色】选项。

(5) 在【样式】列表中选择【清除】选项。

(6) 单击【确定】按钮完成。

3.4　特殊页面排版

有时，用户并不满足于简单的字符排版、段落编排和页面排版，而需要对文档进行艺术处理。例如，竖排版可以使一些习惯看古书的人更容易看懂，首字下沉使文档更具吸引力，分栏排版使文档更容易阅读。下面就介绍一下这几种特殊页面排版的技巧。

3.4.1　竖排版

使用更改文字方向的功能可以实现竖排版或横竖混排，效果如图 3-50 所示。

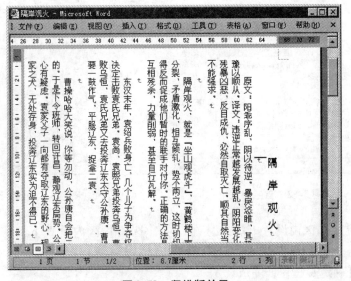

图 3-50　竖排版效果

改变文字方向的方法如下所述。

(1) 选择【格式】菜单中的【文字方向】命令，弹出【文字方向】对话框（如图 3-51

所示）。

（2）在【方向】区内选择需要的方向，并在【应用于】区内选择应用范围。

（3）预览后，单击【确认】按钮，完成操作。

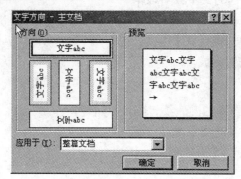

图 3-51　【文字方向】对话框

3.4.2　首字下沉

在报刊中经常可以见到首字下沉的排版方式。Word 2003 提供的首字下沉功能可以实现这种效果（如图 3-52 所示）。使用方法如下。

（1）选定需要首字下沉的文字。

（2）选择【格式】菜单中的【首字下沉】命令，弹出的【首字下沉】对话框（如图 3-53 所示）。

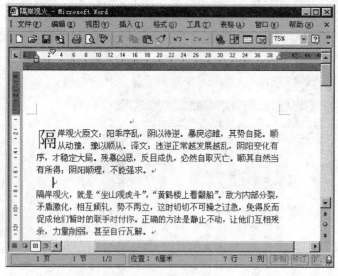

图 3-52　首字下沉

图 3-53　【首字下沉】对话框

（3）在【位置】区内设置下沉或悬挂；在【选项】区内设置下沉字体、下沉行数和与正文的距离。

（4）单击【确定】按钮，完成设置。

3.4.3　分栏排版

分栏排版类似于某些报纸的排版方式，使文本从一栏的底端连续接到下一栏的顶端。

Word 2003 提供了控制栏数、栏宽和栏间距的多种分栏方式。只有在页面视图方式和打印预览视图方式下才能看到分栏的效果。而在普通视图方式下，只能看到按一栏宽度显示的文本。下面从设置栏宽、在栏间加分隔线、改变栏宽和栏间距、对部分文档分栏、控制分栏位置、取消分栏和使每栏内容均衡等方面来重点介绍分栏排版的使用。

1. 设置栏数

建立宽度相同的栏有两种方法：一是可以利用【其他格式】工具栏中的分栏按钮来快速建立；二是利用菜单【格式】|【分栏】命令。在这里我们只介绍第一种方法，另一种方法在【建立宽度不同的栏】中讲述。

（1）选择菜单【视图】|【页面】命令，切换到页面视图方式下。

（2）选择菜单【视图】|【工具栏】|【其他格式】命令，显示【其他格式】工具栏。

（3）选定要进行分栏的文档或节，也可以把插入点移动到要进行分栏的节中。

（4）单击【其他格式】工具栏中的【分栏】按钮 ，在按钮下方显示出一个如图 3-54 所示的示意窗口。

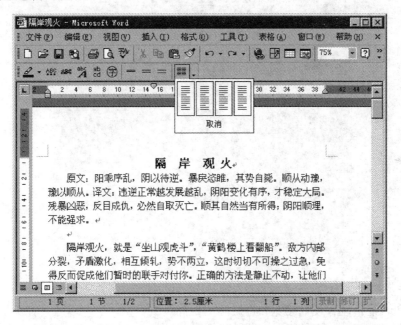

图 3-54　选定栏数

（5）按住鼠标左键拖动选择所需要的栏数，现选择 3 栏用于示例文档。

（6）松开鼠标左键完成，结果如图 3-55 所示。

建立宽度不同的栏还有一种分栏方式是建立不同栏宽的栏，具体操作如下。

（1）选定要进行分栏的文档或节，也可以把插入点移动到要进行分栏的节中。

（2）选择菜单【格式】|【分栏】命令，弹出如图 3-56 所示的【分栏】对话框。

（3）在【分栏】对话框中可以选择需要的选项。

【预设】区：选择 Word 给出的 5 种分栏方式其中的一种。

【栏数】文本框：输入栏数大于 3 的数值，来给文本进行分栏。

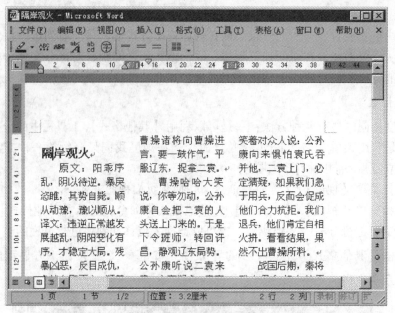

图 3-55　文档分栏示例

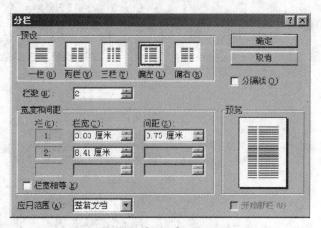

图 3-56　【分栏】对话框

【宽度和间距】区：设置栏宽和栏之间的距离。

【栏宽相等】复选框：选中后使所有的栏宽都相等。

【应用范围】列表框：从中选择设置分栏的应用范围，其中包括【整篇文档】、【插入点之后】、【所选文字】。

【分隔线】复选框：选中后可以在栏间设置分隔线。

（4）单击【确定】按钮完成。

按上述步骤进行设置以后，结果如图 3-57 所示。

2. 加分隔线

我们可以在栏间添加分隔线，便于查看栏间的分隔效果，分隔线的长度和节中最长栏的长度相等（如图 3-58 所示）。

在栏间添加分隔线的具体操作步骤如下。

（1）把插入点移动到要设置栏间分隔线的节中。

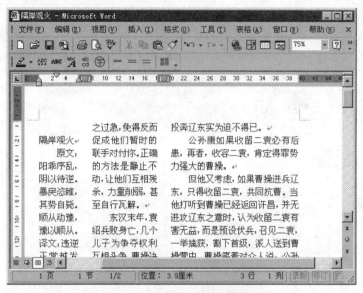

图 3-57　不同栏宽的文档示例

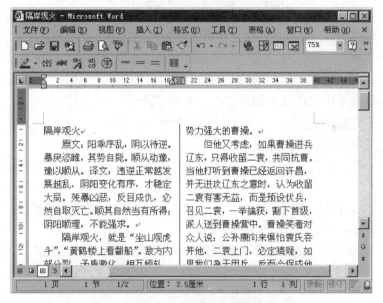

图 3-58　在栏间加分隔线

（2）选择菜单【格式】|【分栏】命令，打开【分栏】对话框。

（3）选中【分隔线】复选框。

（4）单击【确定】按钮完成。

如果想分栏时栏间的分隔线按打印形式显示在屏幕上，选择菜单【文件】|【打印预览】命令，结果如图 3-59 所示。

3. 改变栏宽和栏间距

此外，可以自己设置栏宽和栏间距，Word 2003 默认的栏间距为 0.75 厘米。改变栏间距的方法有两种：一是使用标尺直接修改；二是利用【分栏】对话框。用标尺直接快速改变栏间距的操作步骤如下。

（1）选择菜单【视图】|【页面】命令，把文档切换到页面视图方式下。

（2）将插入点移动到要改变栏间距的节中。

（3）按住鼠标左键拖动标尺上的分栏标记就可以改变栏间距了（如图 3-59 所示）。

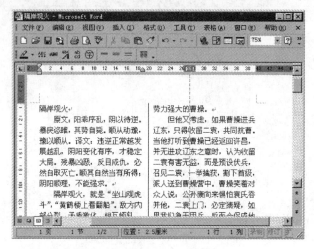

图 3-59　使用水平标尺改变栏间距

也可以利用【分栏】对话框来精确地设置栏间距，其操作步骤如下。

（1）选择菜单【视图】|【页面】命令，把文档切换到页面视图方式下。

（2）插入点移动到要改变栏间距的节中。

（3）选择菜单【格式】|【分栏】命令，弹出【分栏】对话框。

（4）在【栏宽和间距】区中按照自己的需要修改设置值。

（5）单击【确定】按钮完成。

Word 2003 不但提供了对整篇文档进行分栏的功能，还可以只对部分文本进行分栏，操作步骤如下。

（1）选择菜单【视图】|【页面】命令，把文档切换到页面视图方式下。

（2）选定需要分栏的文本（如图 3-60 所示）。

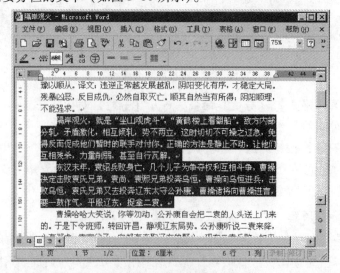

图 3-60　选定分栏的文本

（3）选择菜单【格式】|【分栏】命令，打开【分栏】对话框。

（4）假定给文档分三栏，在【预设区】中选择【三栏】框，同时选中【分隔线】复选框。

（5）单击【确定】按钮完成，结果如图 3-61 所示。

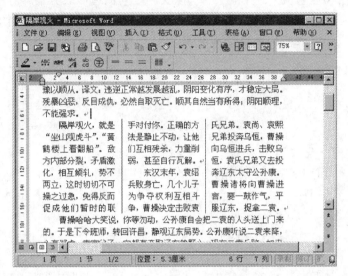

图 3-61　给选定的文本分栏示例

另外，如果给整篇文档进行了分栏，又想标题跨越多栏，操作步骤如下。

（1）在给文档分栏以后，选定标题文本。

（2）选择菜单【格式】|【分栏】命令，打开【分栏】对话框。

（3）单击【预设】区中的【一栏】框。

（4）单击【确定】按钮完成，结果如图 3-62 所示。

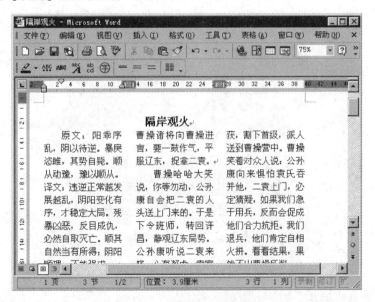

图 3-62　标题跨越分栏示例

3.5　插入和绘制表格

表格中的每一项内容成为一个单元格，单元格之间被边框线分隔开。表格建立后，每个单元格就类似一个独立的文档，可以对其编辑或插入其他对象。在文档中添加表格可以有两种方式：自动插入表格和手动绘制表格。

3.5.1　插入表格

在文档中自动插入表格有两种方法。一种是使用菜单，另一种是使用工具栏。下面分别进行介绍。

1. 使用菜单插入表格

使用菜单插入表格能够方便地进行各项设置，具体操作如下。

（1）选择【表格】菜单中的【插入】命令，在弹出的子菜单中选择【表格】命令，弹出【表格】对话框（如图 3-63 所示）。

（2）在【表格】对话框中的【列数】和【行数】框中分别输入所要插入的目标表格的列数和行数。

（3）在【"自动调整"操作】区内有【固定列宽】、【根据内容调整表格】或【根据窗口调整格】选项。若选择了【固定列宽】，则可以输入固定的列宽插入列宽相等的表格；如果选择【自动】，则和设置【根据窗口调整表格】效果相同；如果选择【根据窗口调整表格】，则可以得到总宽度和页面宽度相等的表格；如果选择【根据内容调整表格】，则表格的列宽根据输入的内容的变化而改变。

（4）若单击【套用格式】按钮，则弹出对话框，可在其中选择一种固定格式。

（5）最后，单击【确定】按钮完成操作。

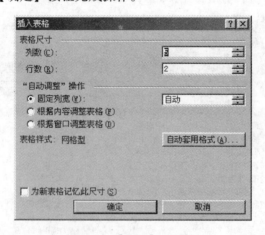

图 3-63　【表格】对话框

2. 使用工具栏插入表格

使用工具栏插入表格比较快捷方便，具体操作方法如下。

（1）将光标置于要插入表格的位置。

（2）单击【常用】工具栏中的【插入表格】按钮▦。

（3）在弹出的小窗口中拖动鼠标，观察窗口中表格行和列的变化，直到选定自己要求的行列值。

（4）单击完成操作。这时，窗口中已经插入了宽度和页面宽度相等的表格。插入的表格如图 3-64 所示。

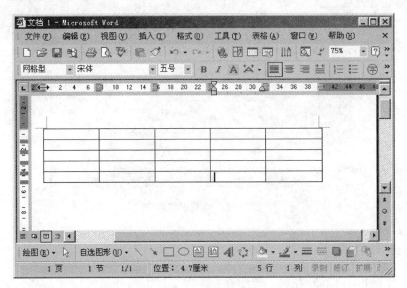

图 3-64　插入表格示例

3.5.2　绘制表格

如果想得到任意不规则的表格，可以使用【表格和边框】工具栏来自己绘制，具体操作步骤如下。

（1）在工具栏中右击，选定【表格和边框】或是选择【表格】菜单中的【绘制表格】命令，弹出【表格和边框】工具栏（如图 3-65 所示）。

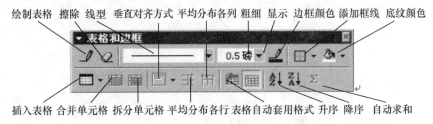

图 3-65　【表格和边框】工具栏

（2）选定【绘制表格】按钮，这时鼠标外观变为一支笔，可以用它在页面中绘制表格边框线。

（3）可以在绘制过程中使用【线型】按钮选择各种线型，使用【粗细】按钮选择边框线的宽度，使用【边框颜色】按钮选择边框线的颜色。

（4）如果绘制出现了错误，则可以单击【擦除】按钮，这时鼠标外观变为橡皮擦，可以用它擦除刚刚绘制的表格边框线。

（5）绘制完表格后再次单击【绘制表格】按钮，完成操作，并返回文本编辑状态。绘制表格的效果示例如图 3-66 所示。

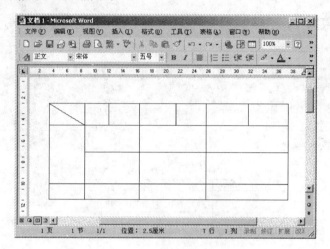

图 3-66　绘制表格示例

3.5.3　绘制斜线表头

有时候为了使表格更加直观，结构合理，需要绘制斜线表头。如果要设置斜线表头，则可以这样操作。

（1）把插入点移动到表格的第一个单元格中。

（2）选择菜单【表格】|【绘制斜线表头】命令，弹出如图 3-67 所示的【插入斜线表头】对话框。

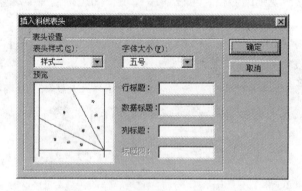

图 3-67　【插入斜线表头】对话框

（3）从【表头样式】列表框中选择一种斜线样式，同时在预览框中显示预览结果。

（4）在【字体大小】框中输入要设置表头文字字体的大小。

（5）在【行标题】、【列标题】或者【数据标题】框中输入表头的文字。

（6）单击【确定】按钮完成。

3.5.4　表格的自动套用格式

在编排表格时，无论是新建的空表还是已经输入数据的表格，都可以利用表格的自动套用格式进行快速编排，Word 提供给 40 多种预定义的表格格式，其操作步骤如下。

（1）把插入点移动到要进行快速编排的表格中。

（2）选择菜单【表格】|【表格自动套用格式】命令，弹出如图 3-68 所示的【表格自动套用格式】对话框。

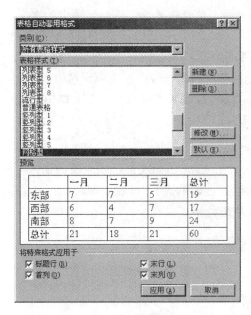

图 3-68　【表格自动套用格式】对话框

（3）在【格式】列表框中列出 Word 预定义的表格格式名，选择需要的一种，同时在右边的【预览】窗口中会显示相应的格式。

（4）在【要应用的格式】区中包括【边框】、【底纹】、【字体】、【颜色】和【自动调整】复选框，用户可以选择需要的设置选项。

（5）在【将特殊格式应用于】区中包括【标题行】、【末行】、【首列】和【末列】，这些选项可以决定将格式应用到表格的哪个位置。一般需要对表格的【标题行】和【首行】应用特殊格式，所以可以选定这两个复选框。

（6）单击【确定】按钮完成即可。

如果要清除表格套用格式时，可以把插入点移动到应用表格套用格式的表格中，选择菜单【表格】|【表格自动套用格式】命令，在【表格自动套用格式】对话框中选择【格式】列表框中的【无】选项，单击【确定】按钮完成删除。

3.6　编 辑 表 格

在完成一个表格后，就要在表格中填入内容（文字、数字或图形等），并对填入的内容进行必要的格式化处理和编排。下面介绍一些在表格中编辑的技巧。

3.6.1　在表格中定位光标和输入内容

1. 在表格中定位光标

在表格中定位光标可以使用鼠标和键盘。使用鼠标只要简单地在所要定位的单元格中单击即可。使用键盘的上、下、左、右键也可以在表格中移动光标。除此以外，下列快捷键可以帮助在表格中快速定位光标。

Tab 键：光标移动到下一个单元格并选定该单元格中的文本。

Shift + Tab 组合键：光标移动到上一个单元格并选定该单元格中的文本。

Alt + Home 组合键：光标移动到本行第一个单元格中。

Alt + End 组合键：光标移动到本行最后一个单元格中。

Alt + Page Up 组合键：光标移动到本列第一个单元格中。

Alt + Page Down 组合键：光标移动到本列最后一个单元格中。

2. 在表格中输入内容

在表格中编辑内容和普通的文本编辑类似。键入时如果内容的宽度超过了单元格的列宽，则会自动换行并增加行宽。如果按 Enter 键，则新起一个段落。用户可以和对待普通文本一样对单元格中的文本进行格式设置。

3.6.2　在表格中选定内容

在表格中选定内容可以使用菜单和鼠标两种方法。

1. 使用鼠标

（1）将鼠标置于单元格的左边缘，当鼠标外观变为右上方向的实箭头时，单击可以选择该单元格（如图 3-69 所示）。

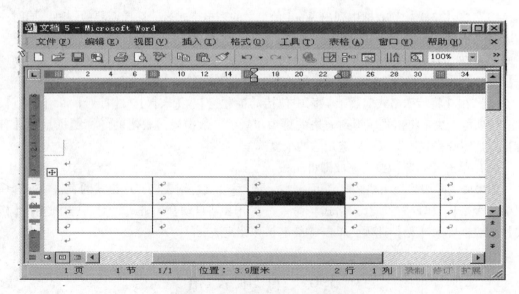

图 3-69　使用鼠标选择一个单元格

（2）将鼠标置于一行的左边缘，单击可以选择该行（如图 3-70 所示）。

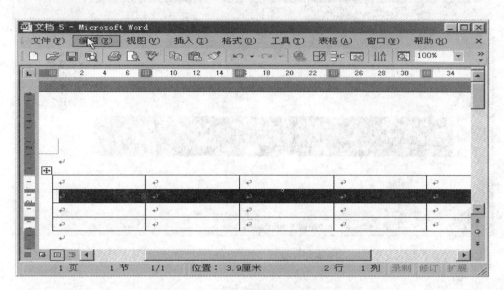

图 3-70   使用鼠标选择一行

（3）将鼠标置于一列的上边缘，当鼠标外观变为向下的实箭头的时候，单击可以选择该列（如图 3-71 所示）。

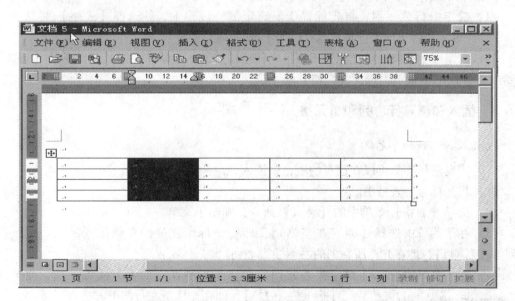

图 3-71   使用鼠标选择一列

（4）将光标置于表格中的任意位置，当表格左上角出现十字标志时，单击它，可以选择整个表格（如图 3-72 所示）。

（5）双击单元格也可以选定它，或是单击后拖动可以选择任意多的单元格。

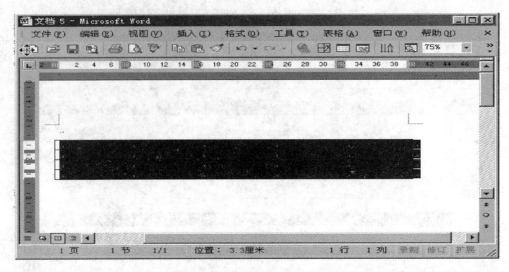

图 3-72　使用鼠标选择整个表格

2. 使用菜单

使用菜单也可以进行上述操作，具体操作方法如下。

（1）选定单元格。将光标置于要选定的单元格中，并选择【表格】菜单中的【选择】命令，在弹出的子菜单中选择【单元格】命令。

（2）选定一行或一列。将光标置于要选定的行或列中，并选择【表格】菜单中的【选择】命令，在弹出的子菜单中选择【行】或【列】命令。

（3）选定整个表格。将光标置于表格中任意位置，并选择【表格】菜单中的【选择】命令，在弹出的子菜单中选择【表格】命令。

3.6.3　插入和删除行、列和单元格

1. 插入行、列和单元格

使用【表格】菜单可以在已有的表格中插入或删除行、列和单元格。

（1）将光标置于表格中。

（2）选择【表格】菜单中的【插入】命令，弹出子菜单。

（3）在子菜单中选择【列（在左侧）】，即在光标所在列的左侧插入一列，或选择【列（在右侧）】，即在光标所在列的右侧插入一列。

（4）在子菜单中选择【行（在上方）】，即在光标所在行的上方插入一行，或选择【行（在下方）】，即在光标所在行的下方插入一行。

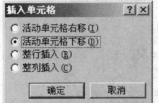

图 3-73　【插入单元格】对话框

（5）在子菜单中选择【单元格】命令，弹出【插入单元格】对话框（如图 3-73 所示）。

（6）选中其中的一个单选框，【活动单元格右移】、【活动单元格下移】、【整行插入】或【整列插入】。各个命令效果如图 3-74 所示。其中，单元格 1 为选定的活动单元格。

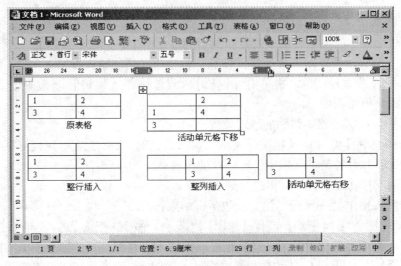

图 3-74　插入单元格效果示例

2. 删除行、列和单元格

如果想删除多余的行、列和单元格，可以使用【表格】菜单来完成这些操作，具体步骤如下。

（1）将光标置于表格中。

（2）选择【表格】菜单中的【删除】命令，弹出子菜单。

（3）在子菜单中选择【表格】，则整个表格被删除。

（4）选择【列】命令，则光标所在列被删除。

（5）选择【行】命令，则光标所在行被删除。

（6）选择【单元格】命令，则弹出【删除单元格】对话框（如图 3-75 所示）。

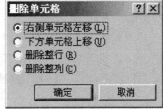

图 3-75　【删除单元格】对话框

（7）选择其中的一个单选框，【右侧单元格左移】、【下方单元格上移】、【删除整行】或【删除整列】。各个命令的效果如图 3-76 所示，其中单元格 1 为选定的活动单元格。

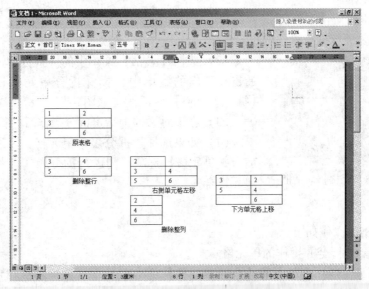

图 3-76　删除单元格效果示例

3. 移动或复制单元格、行或列

把一个单元格中的文本移动或者复制到别的单元格中，操作步骤如下。

（1）选定要移动或复制的单元格（注意：包括单元格的结束符）。

（2）选择【编辑】菜单，再单击【编辑】，或者选择【编辑】|【复制】命令，把选定的内容存放到剪贴板中。

（3）把插入点移动到要粘贴的指定位置。

（4）选择菜单【编辑】|【粘贴单元格】命令，这时 Word 就把剪切或复制的内容粘贴到指定的位置，并且替换单元格中已经存在的内容。

当要复制或移动一整行，可以进行如下操作。

（1）选定表格中的一整行（注意：包括行结束符）。

（2）选择【编辑】|【剪切】或者【编辑】|【复制】命令，把选定的内容存放到剪贴板中。

（3）在表格中另外位置选定一行，也可以把插入点移到该行的第一个单元格中。

（4）选择菜单【编辑】|【粘贴行】命令，这时 Word 就把剪切或复制的行插入到表格选定行的上方，不替换选定行的内容。

当要复制或移动一整列时，可以进行如下操作。

（1）选定表格中的一整列。

（2）选择菜单【编辑】|【剪切】或者【编辑】|【复制】命令，把选定的内容存放到剪贴板中。

（3）在表格中另外位置选定一整列，也可以把插入点移动到该列的第一个单元格中。

（4）选择菜单【编辑】|【粘贴列】命令，这时 Word 就把剪切或复制的列插入到表格选定行的左侧，不替换选定列的内容。

3.6.4　单元格的拆分和合并

拆分单元格可以将一个单元格拆为几个单元格，而合并单元格则可以将几个单元格合并为一个。

1. 拆分单元格

拆分单元格的操作如下。

（1）选定要进行拆分操作的单元格。

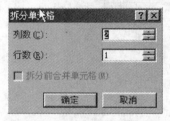

图 3-77　【拆分单元格】对话框

（2）选择【表格】菜单中的【拆分单元格】命令或右击在弹出的菜单中选择【拆分单元格】命令，弹出【拆分单元格】对话框（如图 3-77 所示）。

（3）在该对话框中指定拆分操作后的行数和列数。

（4）如果选择了拆分多个单元格，可以选定【拆分前合并单元格】选项，则进行拆分操作前将先把选定的单元格合并。

2. 合并单元格

合并单元格的操作如下。

（1）选定要进行合并操作的单元格。

（2）选择【表格】菜单中的【合并单元格】命令或是单击鼠标右键在弹出的菜单中选择【合并单元格】命令。

拆分和合并单元格效果如图 3-78 所示。

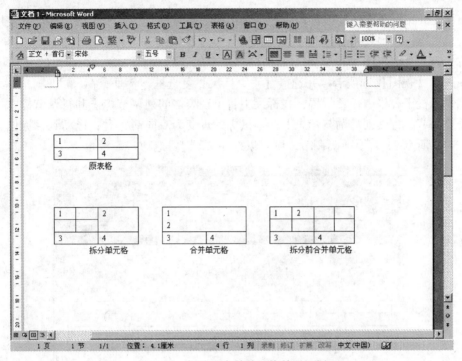

图 3-78　拆分和合并单元格效果示例

3.6.5　调整表格的大小

有多种方法都可以改变表格的行高和列宽，下面一一介绍。例如，使用表格控制点可以缩放和移动表格，合理设置表格的自动调整功能可以简化表格大小的设置。

1. 直接拖动表格边框线

将鼠标置于要改变的行或列的边框线上。当鼠标外观变为双向箭头时，按住左键拖动到目标位置即可（如图 3-79 所示）。若要精确调节，可以按住 Alt 键后拖动。

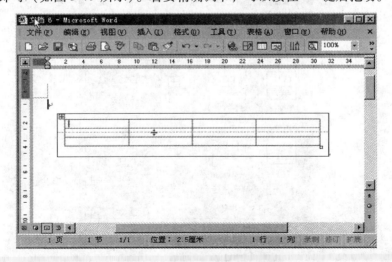

图 3-79　拖动表格边框线示例

2. 使用标尺拖动

前面在介绍段落缩进、段前段后距、页边距等的时候，已经多次讲过标尺的使用，在表格中也可以方便地使用标尺改变行高和列宽。

首先进入页面视图，并选择【工具】菜单中的【选项】命令；在弹出的【选项】对话框中选择【视图】选项卡，并选择【垂直标尺】复选框，使垂直标尺可见。

将光标置于表格中任意位置，在标尺中将出现表格的列调节标志和行调节标志。将鼠标置于要调节的行或列的调节标志上，当鼠标外观变为双向箭头时，拖动到目标位置即可（如图 3-80 所示）。若要精确调节，则可以按住 Alt 键后拖动。

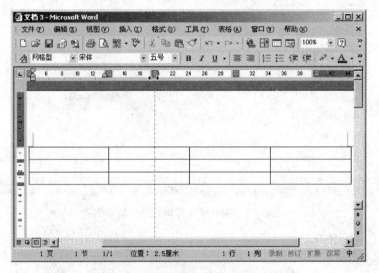

图 3-80　用标尺调节行高、列宽示例

3. 使用【表格】菜单调节

使用【表格】菜单不仅可以设定行高和列宽，也可以设定整个表格大小。选择【表格】菜单中的【表格属性】命令，弹出【表格属性】对话框（如图 3-81 所示）。

图 3-81　【表格属性】对话框

改变行高的操作步骤如下。

（1）将鼠标置于要改变行高的行中任意位置，选择【表格属性】对话框中的【行】选项卡。

（2）选中【指定高度】复选框，并输入行高度。在【行高值是】下拉框中选择【最小值】或是【固定值】。如果选择【最小值】，则输入的行高度将作为该行的默认高度；如果在该行中输入的内容超过了行高，Word 2003 会自动加大行高。如果选择了【固定值】，则输入的行高度不会改变；如果内容超过了行高，将不能完整地显示。

（3）单击【上一行】或【下一行】按钮可以使光标选定上一行或下一行进行操作。

（4）最后，单击【确认】按钮完成操作。

改变列宽的操作步骤如下。

（1）将光标置于要改变列宽的列中的任意位置。

（2）选择【表格属性】对话框中的【列】选项卡。

（3）选中【指定宽度】复选框，并输入列宽度。

（4）单击【上一列】或【下一列】按钮可以使光标选定上一列或下一列进行操作。

（5）最后，单击【确认】按钮完成操作。

4. 缩放和移动表格

缩放和移动表格的操作如下。

（1）将光标置于表格中任意位置，表格的左上角和右下角将出现表格控制点。

（2）用鼠标单击左上角的表格控制点，选中整个表格，在该控制点上按住鼠标左键并拖动可以移动整个表格。

（3）将鼠标放在右下角的控制点上，当鼠标外观变为斜的双向箭头时，按住鼠标左键拖动可以缩放表格。若要整个表格按比例缩放，则可以按住 Shift 键以后拖动。

3.6.6　表格中的文本操作

排版表格中的文本和排版文档中的文本操作方法相同，可以改变文本的字体、字号、字形和文字在表格中的对齐方式等。为了使表格中的文字位于表格中间，可以选定整个表格，单击【格式】工具栏中的【居中】按钮。当然，也可以通过菜单【格式】|【段落】命令改变文本和单元格边界的缩进。

1. 单元格中文本的垂直对齐方式

如果用户要改变单元格中文本的垂直对齐方式，则可以进行如下操作。

（1）选定要改变文本对齐方式的单元格。

（2）选择菜单【表格】|【表格属性】，弹出【表格属性】对话框。

（3）选择【单元格】选项卡，显示如图 3-82 所示的对话框。

（4）可以在【垂直对齐方式】中选择【顶端对齐】、【居中】或【底端对齐】选项。

（5）单击【确定】按钮完成。

2. 改变单元格中文字方向

Word 2003 在默认的方式下，表格中的文字是水平方向的，我们也可以把文字在表格内竖排，操作步骤如下。

（1）选定要改变文字方向的单元格。

（2）选择菜单【格式】|【文字方向】命令，弹出如图 3-83 所示的【文字方向】|【表格单元格】对话框。

图 3-82　【单元格】选项卡　　　　　　图 3-83　【文字方向—表格单元格】对话框

（3）在【方向】框中单击需要设置的文字方向。

（4）单击【确定】按钮完成。

3.7　表格的属性和排版

在表格中填入内容之后，可以对表格进行内容或属性的修改，同时可能因为整篇文章的需要对表格在页中进行排版，这样表格在文档中才显得更美观。下面介绍怎样编辑表格的属性和怎样在页面中对其进行排版。

3.7.1　设置单元格边距和间距

单元格边距指的是单元格中正文距离上下左右边框线的距离。如果单元格边距设置为零，则正文会挨着边框线。

单元格间距则是指单元格与单元格之间的距离，默认为单元格间距等于零。

设置单元格边距和间距的操作如下。

（1）将光标置于要进行设置的表格中的任何位置。

（2）选择【表格】菜单中的【表格属性】命令，弹出【表格属性】对话框（如图 3-81 所示）。

（3）单击【选项】按钮，弹出【表格选项】对话框（如图 3-84 所示）。

（4）在其中的上、下、左、右框中分别输入要设置的单元格边距。

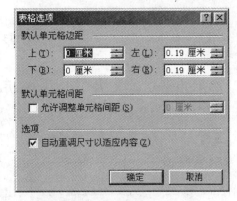

（5）选中【允许调整单元格间距】复选框后在右边输入要设置的单元格间距。

（6）最后，单击【确定】按钮完成操作。

设置了单元格边距和间距的表格如图 3-85 所示，图中表格分别设置了 0.20 厘米的上、下、左、右单元格边距和 0.10 厘米的单元格间距。

图 3-84 【表格选项】对话框

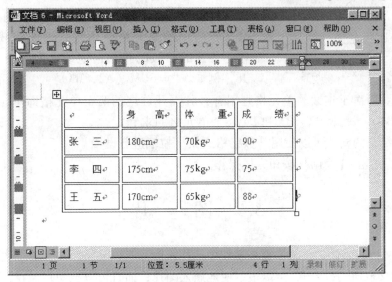

图 3-85 单元格边距和间距示例

3.7.2 设置表格的分页属性

设置表格的跨页断行属性，可以允许或禁止表格断开出现在不同的页面中。若要求表格可以跨页断行，可以进行如下操作。

（1）将光标置于表格中的任何位置，选择【表格】菜单中的【表格属性】命令。

（2）在弹出的【表格属性】对话框中选择【行】选项卡。

（3）在其中选中【允许跨页断行】复选框。

标题行指表格的首行，一般说明表格的各列内容的标题。表格分页后，如果希望每页的部分表格都有标题行，可以进行如下操作。

（1）将光标置于表格的标题行中。

（2）选择【表格】菜单中的【标题行重复】命令。

（3）也可选择【表格】菜单中的【表格属性】命令，在弹出的【表格属性】对话框中选择【行】选项卡，并选定【在各页顶端以标题行形式重复出现】复选框。

3.8 表格中的公式计算

使用公式计算前应确保表格中有用来存放结果的单元格，如果没有，则结果将会存放在光标所在的单元格中。

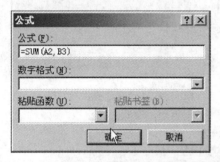

图 3-86 【公式】对话框

对表格进行公式计算的操作步骤如下。

（1）将光标置于存放结果的单元格中。

（2）选择【表格】菜单中的【公式】命令，弹出【公式】对话框（如图 3-86 所示）。

（3）在公式栏中输入要进行计算的公式，也可以从【粘贴函数】下拉框中选择需要的函数。对于公式中引用的单元格使用它的地址即域代码表示。作为公式的参数的单元格地址之间应该用逗号分隔开，例如，"=SUM（A2，B3）"为 A2 单元格与 B3 单元格求和。而对于连续的单元格则用冒号分隔开首尾的两个单元格即可，例如，"=SUM（B2：B4）"表示 B2、B3 和 B4 三个单元格的求和。

（4）对结果的格式可以使用【数字格式】下拉框进行设置。

（5）最后单击【确认】按钮完成操作。

3.9 图　片

在编辑文档的时候，有时需要在文档中间插入图片，以使整篇文档看上去更舒服、美观。在 Word 2003 中文版中，可以很方便地插入图片，而且可以把图片插在文档中的任何位置，达到图文并茂的效果。

3.9.1 插入图片

Word 2003 提供了能令用户轻松地编辑出图文并茂的文档的强大的图形编辑功能。Word 2003 除了提供内容丰富的剪贴画库外，还允许用户从文件插入图片，或是编辑自选图形等。

Word 2003 这方面功能主要包括可以使用两种基本类型的图形来增强 Microsoft Word 文档的效果，其中，包括图形对象和图片。图形对象包括自选图形、图表、曲线、线条和艺术字图形对象，这些对象都是 Word 文档的一部分。使用【绘图】工具栏可以更改和增强这些对象的颜色、图案、边框和其他效果。图片是由其他文件创建的图形，它们包括位图、扫描的图片和照片以及剪贴画。通过使用【图片】工具栏上的选项和【绘图】工具栏上的部分选项可以更改和增强图片效果。在某些情况下，必须取消图片的组合并将其转换为图形对象后，才能使用【绘图】工具栏上的选项。

Word 中插入的图片主要分为两种：位图和矢量图。其中，位图是由大量像素点组成的，而矢量图则是通过一系列规则决定的。Word 中插入的位图不可以直接编辑图片内容，只能设置包括灰度、亮度、对比度在内的一些图片属性；而对于矢量图则可以使用 Word 的绘图工具进行编辑。

Word 中的图片有插入和链接两种方式。其中，插入方式是将图片文件直接复制到文档中，这样做文档会比较多地占用空间；而链接方式则是动态地将图片文件和文档连接起来，其改变会反映到文档中，这样做虽然文档占用空间比较小，但是不能直接对图片编辑，必须调用创建该文件的程序编辑，而且文档不能脱离图片单独使用。

1. 插入剪贴画

Word 自带了一个内容十分丰富的剪贴画库，用户可以直接在其中选择需要的图片插入到文档中。对于经常使用的图片，用户也可以通过将其加入到剪贴画库中，从而更方便地使用，其操作步骤如下。

（1）将光标置于需要插入图片的位置。

（2）选择【插入】菜单中的【图片】命令，在弹出的子菜单中选择【剪贴画】命令，弹出【插入剪贴画】任务窗格（如图 3-87 所示）。

（3）在任务窗格中的【搜索文字】栏内输入所要插入的剪贴画的关键字，若不输入任何关键字，则 Word 会搜索所有的剪贴画。

（4）在【搜索范围】栏中选择要进行搜索的文件夹。其中，【我的收藏集】中一般为自己添加到剪贴画库中的剪贴画，【Office 收藏集】中为 Word 自带的剪贴画库，【Web 收藏集】则是在线的微软公司剪贴画库站点中的剪贴画。一般用户可选择【Office 收藏集】并在其中选定目标剪贴画所属的类别主题；Word 自带的剪贴画库包含了丰富的内容，涵盖了社会、文化、生活等各个方面，如动物、季节、科学、旅行、地图等；选中所需主题前的复选框将其包含进搜索范围内。

（5）在【结果类型】框中设置搜索目标的类型，包括剪贴画、照片、影片或声音，并选择其格式。

（6）上述设置完成后，单击【搜索】按钮进行搜索。如图 3-88 所示为将【搜索范围】设置成【Office 收藏集】中的动物和旅行主题，【结果类型】选定了所有类型，搜索后，【结果】区中即为符合条件的图片预览。

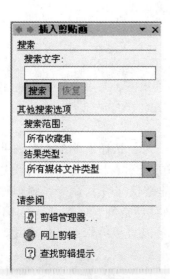

图 3-87 【插入剪贴画】任务窗格

图 3-88 搜索剪贴画结果示例

（7）将剪贴画插入到文档中，在搜索的【结果】区中选择，单击所需的图片即可。

（8）若要进行新的搜索，则单击【修改】按钮，回到图 3-87 所示的任务窗格。

2. 在剪贴画库中添加自己的剪贴画

用户可以将经常使用的图片添加到剪贴画库中，使用剪辑管理器可以完成这一操作，具体方法如下。

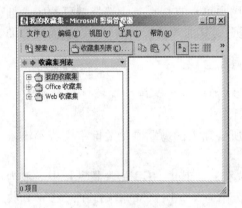

图 3-89　【Microsoft 剪辑管理器】对话框

（1）在【插入剪贴画】任务窗格中单击【剪辑管理器】链接，弹出【Microsoft 剪辑管理器】对话框（如图 3-89 所示）。当第一次打开【剪辑管理器】时，Word 将自动扫描硬盘中所有的文件夹并将含有图片、声音和动画的文件夹添加到上文所述的【我的收藏集】中，这个过程可能要耗费一些时间。

（2）使用【Microsoft 剪辑管理器】对话框可以管理剪贴画库。选择【文件】菜单中的【新建收藏集】命令可以在【我的收藏集】中创建新的目录。选择【文件】菜单中的【将剪辑添加到管理器】命令，可将剪贴画添加到【我的收藏集】中的目录中。若在弹出的子菜单中选择【自动】，则 Word 会自动扫描整个硬盘并将含有图片、声音和动画的剪辑连同文件夹一起添加。若选择【在我自己的目录】，则可以在弹出的【将剪辑添加到管理器】对话框中选择要添加的文件和【我的收藏集】中的目标目录。若选择【来自扫描仪或照相机】，则可以直接从扫描仪或数码相机中添加自己的剪贴画。在【收藏集列表】任务窗格中右击目录，在弹出的子菜单中可以对目录进行删除、复制、移动、重命名等操作。在任务窗格中选中某个目录后，右侧的窗口会出现其中所有图片、声音和动画剪辑的列表，右击其中的项目可以对剪辑进行删除、移动、复制、编辑关键词等操作。其中的编辑关键词操作是用来建立搜索剪辑时依据的关键词索引。

（3）当添加自己的剪贴画操作结束后，直接关闭【剪辑管理器】即可。

3. 插入文件中的图片

在文档中可以直接插入来自文件的图片，具体操作步骤如下。

（1）选择【插入】菜单中的【图片】命令，在弹出的子菜单中选择【来自文件】。

（2）在弹出的【插入图片】对话框中选择需要插入的图片文件，所选的文件必须是 Word 所支持的类型。

（3）最后，直接单击【插入】按钮或单击【插入】按钮右侧的三角钮并选择【插入】、【链接文件】或【插入和链接】命令。若选择了【插入】命令，则将图片直接复制到文档中，并可以对它进行编辑操作。若选择了【链接文件】命令，则图片以链接的方式被插入到文档中，这样做可以减少文档占用的存储空间，但在 Word 中不可以直接编辑它。若选择了【插入和链接】命令，Word 中可以直接编辑插入的图片，也可以部分减少存储空间。

4. 插入扫描仪和数码相机中的图片

如果操作系统中正确安装了扫描仪或数码相机，则可以直接从扫描仪或数码相机中获取图片。从扫描仪插入图片的操作如下。

（1）选择【插入】菜单中的【图片】命令，在弹出的子菜单中选择【来自扫描仪或照相机】命令。

（2）使用扫描仪操作，扫描图片。

（3）在 Microsoft 照片编辑器中处理图片。

（4）在 Microsoft 照片编辑器中选择【文件】菜单中的【退出与返回】命令，完成操作，此时扫描的图片已经被插入到文档中。

5. 插入剪贴板中的图片

直接从其他程序中使用剪贴板通过复制和粘贴操作可以快速地在文档中插入图片。

（1）在含有图片的程序中选定图片并使用快捷键 Ctrl + C 复制图片，在 Word 文档中用快捷键 Ctrl + V 粘贴图片，或是选择【编辑】菜单中的【Office 剪贴板】命令打开 Office 剪贴板，并在其中选用最近的 24 个复制操作中的图片。

（2）若需要将复制的图片链接到文档中，则进行粘贴操作时选择【编辑】菜单中的【选择性粘贴】命令，弹出【选择性粘贴】对话框（如图 3-90 所示）。

（3）在其中选择粘贴图片对象的类型和【粘贴链接】单选框。

（4）最后单击【确定】按钮完成操作。

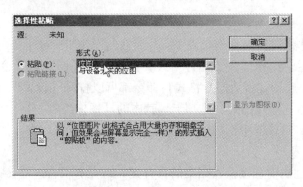

图 3-90　【选择性粘贴】对话框

6. 插入对象中的图片

用户可以通过插入对象的方法，插入有源图片，从而对 Word 不能直接编辑的图片，使用其他图形处理程序进行编辑。插入对象的方法如下。

（1）将光标置于需要插入图片的位置。

（2）选择【插入】菜单中的【对象】命令，弹出【对象】对话框（如图 3-91 所示）。

（3）若要直接插入和图形处理程序链接的对象，则选择【新建】选项卡。在其中的【对象类型】列表框内选择，插入对象的编辑环境。若要显示在页面上为一图标，则选定【显示为图标】复选框。

（4）若要插入来自文件的图片，并将之链接到图形处理程序，则选择【由文件创建】选项卡。单击【浏览】按钮，选择目标文件。若选定【链接文件】复选框，则 Word 会将图片链接到图片文件，并动态显示图片文件的变化。

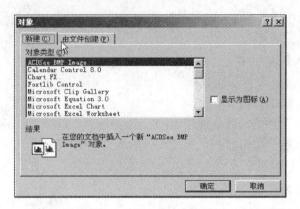

图 3-91 【对象】对话框

（5）插入对象后，双击该对象则将打开它所链接的图形处理程序，在其中编辑后，所做的改变也会直接更新文档中的对象。

3.9.2 设置图片的图像属性

图片的图像属性包括图像的对比度、亮度和颜色效果。使用【图片】工具栏或【设置图片格式】对话框都可以设置图片的图像属性。

1. 使用【设置图片格式】对话框

使用【设置图片格式】对话框来设置图片属性的操作步骤如下。

（1）选定图片后，选择【设置图片格式】菜单中的【图片】命令，或是在图片上右击，在弹出的菜单中选择【设置图片格式】命令都可以打开【设置图片格式】对话框。

（2）在对话框中选择【图片】选项卡，其中的【图像控制】区中即可设置图像属性。

（3）在【颜色】下拉框中选择【自动】、【灰度】、【黑白】或【冲蚀】效果可以设置图像的颜色效果。

（4）在【亮度】栏中直接输入亮度的百分比，或是按住鼠标左键拖动滚动条，都可以设定图片的亮度。

（5）在【对比度】栏中直接输入对比度的百分比，或是按住鼠标左键拖动滚动条，都可以设定图片的对比度。

（6）最后，单击【确定】按钮，完成设置。

2. 使用【图片】工具栏

使用【图片】工具栏可以更方便地设置图片的图像属性。下面从左至右顺序介绍该工具栏按钮的功能。

【插入图片】按钮用来向文档中插入一幅来自文件的图片，和前面讲过的使用菜单的方法效果完全相同。

【颜色】、【增加对比度】、【降低对比度】、【增加亮度】、【降低亮度】用来设置图片的图像属性。选定图片后，单击【颜色】按钮在弹出的菜单中可以选择【自动】、【灰度】、【黑白】、【冲蚀】四种效果。多次单击【增加对比度】等 4 个按钮可以离散地设置图片的对比度和亮度，也就是说，图片的对比度或亮度是不可连续变化的。若要精确设置，请使用【设置图片格式】对话框。

【裁剪】按钮的使用前面已经介绍过，这里不再赘述。

每次单击【向左旋转】按钮，可以使图片逆时针旋转90度。

使用【线型】按钮可以为图片加上边框，单击该按钮，在弹出的菜单中选择适当的线型即可。

【压缩图片】按钮可以用来优化图片，例如，删除剪裁掉的区域、压缩存储，但是会降低图像质量。

使用【文字环绕】按钮可以设置图文混排属性，在3.10节中将详细介绍图文混排操作。

单击【设置图片格式】按钮，将会弹出【设置图片格式】对话框。

使用【设置透明色】按钮可以使部分图片变为透明，单击该按钮后，鼠标外观变为一支笔的样式，用它单击选定图片上的某一颜色区域，则该颜色变为透明色。

【图片】对话框中的最后一个按钮是【重设图片】按钮，单击它可以撤销对图片的上述设置。

3.10　文　本　框

当阅读报纸或者杂志时，往往会发现一篇文章可以跨越几页，下面就来介绍如何创建跨越多页的文章。Word 2003 使用的是文本框方式使得文本相互链接的。

3.10.1　绘制文本框

要绘制一个文本框，可以进行如下操作。

（1）选择菜单【插入】|【文本框】命令，弹出一个次级菜单（如图3-92所示）。

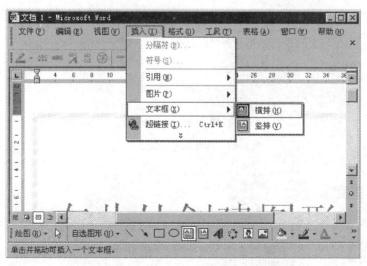

图 3-92　插入【文本框】的级联菜单

（2）选择次级菜单中的【横排】或者是【竖排】命令，【横排】表示文本框中的文字水平排列，【竖排】表示文本框中的文字垂直排列。选择后把鼠标移动到文本中，鼠标指针变成十字形，按住左键拖拉可绘制一个文本框，结果如图 3-93 所示。

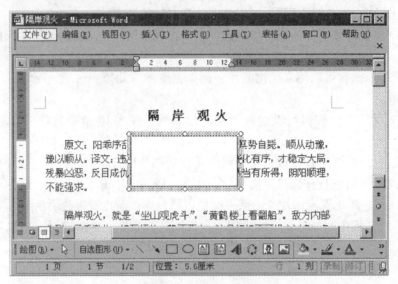

图 3-93　插入文本框

（3）这时插入点在文本框中闪烁，用户可以输入文本（如图 3-94 所示）。当文本的内容增多时，可以用对待图形的方法拖动句柄来改变文本框的大小。

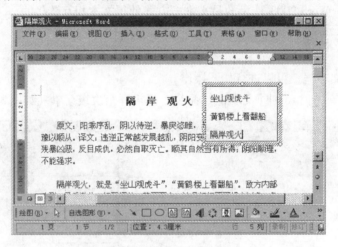

图 3-94　往文本框中输入文字

3.10.2　文本框操作

1. 使用鼠标调整文本框

和图表、图片一样，文本框上也有 8 个控点，因此也可以用鼠标来调整文本框大小。文本框 4 个角上的控点用于同时调整文本框的宽度和高度。文本框左右两边中间的控点用于调整文本框的宽度。文本框上下两边中间的控点用于调整文本框的高度。具体操作在图表操作时已经讲过，这里就不再多说。当将光标放在文本框边框上控点以外的区域时，光标变为十字形箭头形状。此时按住并拖动鼠标，会出现一虚线框表示文本框的新位置，拖动到所需的位置时，再松开鼠标左键，这样就可以调整文本框的位置。其效果如图 3-95 所示，按 Esc 键可取消操作。

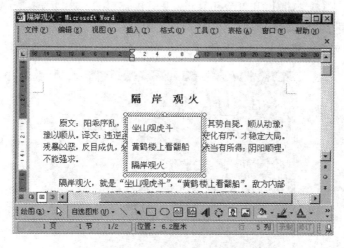

图 3-95　调整文本框位置

2. 使用【图片】工具栏调整文本框

可利用【图片】工具栏对文本框进行调整。如果屏幕上没有显示【图片】工具栏，可右击工具栏，在弹出的菜单中单击【图片】菜单项即可。

操作文本框时的【图片】工具栏与操作图片时的【图片】工具栏稍微有点不同。工具栏上只有【线型】、【文字环绕】和【设置图片格式】3 个按钮对文本框有效，其中，【设置文本框格式】按钮和【图片格式】按钮的位置和图标均相同，只是按钮名不同而已（如图 3-96 所示）。

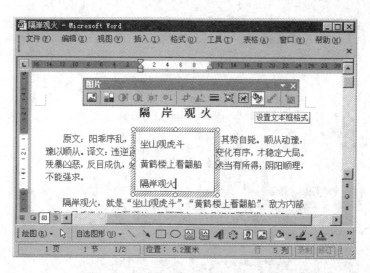

图 3-96　操作文本框的【图片】工具栏

　　【图片】工具栏上的【线型】按钮用于设置文本框边框的线型，【文字环绕】按钮用于设置文本框文字环绕的效果，其操作和前面讲过的图片操作完全一样。【图片】工具栏上最有用的按钮是【设置文本框格式】按钮。选定文本框之后，单击该按钮，将打开【设置文本框格式】对话框。对话框对文本框有效选项卡有 5 个，分别为【颜色和线条】、【大小】、【版式】、【文本框】和【Web】。这里只讲述【文本框】选项卡，其余各选项卡的功能和前面讲的图片编辑相类似，可参看有关内容。

　　选中【设置文本框格式】对话框的【文本框】选项卡，则对话框如图 3-97 所示。

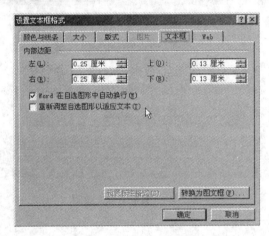

图 3-97　【设置文本框格式】对话框的【文本框】选项卡

　　【文本框】选项卡有两项功能，其一是设置文本框内文字到文本框的边框之间的距离，利用该选项卡上的【内部边框】选项组内的【左】、【右】、【上】、【下】4 个文本框即可实现。例如，将 4 个边距均设为 0.5 厘米，则其效果如图 3-98 所示。

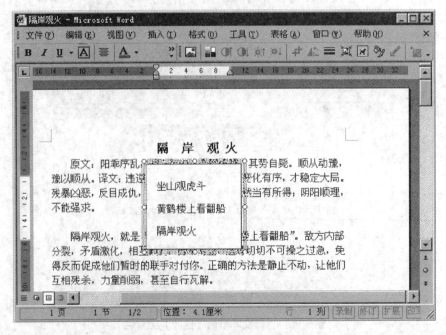

图 3-98　设置文本框内部边距的效果

　　【文本框】选项卡的第二功能是将文本框转换为图文框。由于在 Word 2003 中文版中文本框可以完全取代图文框的功能，故此项一般不用。

　　当按【文本框】选项卡上的【转换为图文框】按钮时，Word 2003 中文版会给出一个消息窗口（如图 3-99 所示）。

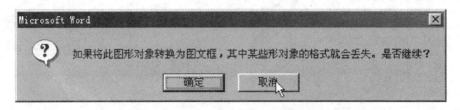

图 3-99　将文本框转换为图文框时 Word 给出的消息窗口

　　单击消息窗口中的【确定】按钮，即可将文本框转换为图文框，其效果如图 3-100 所示。

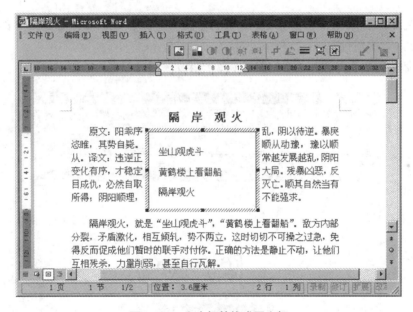

图 3-100　文本框转换成图文框

3.11　艺术字体

　　在编辑文档时，为了使标题更加醒目、生动，可以应用 Word 提供的艺术字功能来绘制特殊的文字。Word 中的艺术字是图形对象，所以可以以对待图形那样来编辑艺术字。比如，可以给艺术字加边框、底纹、纹理、填充颜色、阴影和三维效果等。

　　在文档中插入艺术字的具体操作如下。

　　（1）打开文档并把插入点移动到要插入艺术字的位置。

　　（2）单击【绘图】工具栏中的【插入艺术字】按钮，也可以选择菜单【插入】|【图片】|【艺术字】命令，这时屏幕出现【"艺术字"库】对话框（如图 3-101 所示）。

（3）从对话框中选择一种艺术字样式，单击【确定】按钮，弹出如图 3-102 所示的【编辑"艺术字"文字】对话框。

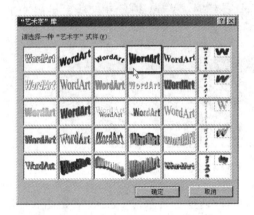

图 3-101 【"艺术字"库】对话框

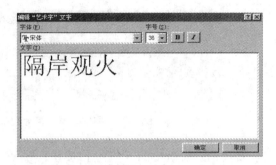

图 3-102 【编辑"艺术字"文字】对话框

（4）在【文字】文本框中输入要编辑的标题文字，还可以设置标题文字的字体、字号、加粗和斜体等属性。

（5）设置完成后，单击【确定】按钮，结果如图 3-103 所示。

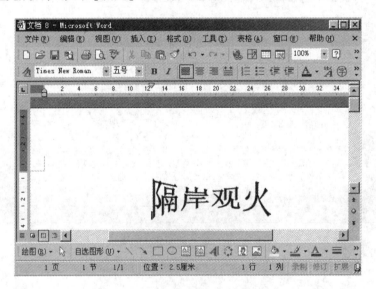

图 3-103 向文档中插入艺术字示例

插入艺术字以后，文档编辑窗口就显示出艺术字的效果和如图 3-104 所示的【艺术字】工具栏。我们可以像编辑图片那样对插入的艺术字进行放大和缩小，同时还可以利用【艺术字】工具栏对艺术字进行特殊编辑。下面对【艺术字】工具栏的各个按钮的功能使用说明如下。

【插入艺术字】：单击时可以打开【"艺术字"库】对话框，选择需要的艺术字样式。

【编辑文字】：单击时打开【编辑"艺术字"文字】对话框，可以编辑选定的艺术字。

【艺术字库】：单击时打开【"艺术字"库】对话框，可以重新选择艺术字的样式。

插入艺术字　艺术字库　　艺术字形状　　文字环绕　　艺术字竖排文字　艺术字字符间距

编辑文字　设置艺术字格式　　自由旋转　艺术字字母高度相同　艺术字对齐方式

图 3-104　【艺术字】工具栏

【设置艺术字格式】：单击时打开如图 3-105 所示的【设置艺术字格式】对话框，可以设置艺术字的颜色、线条、大小、版式和环绕等。

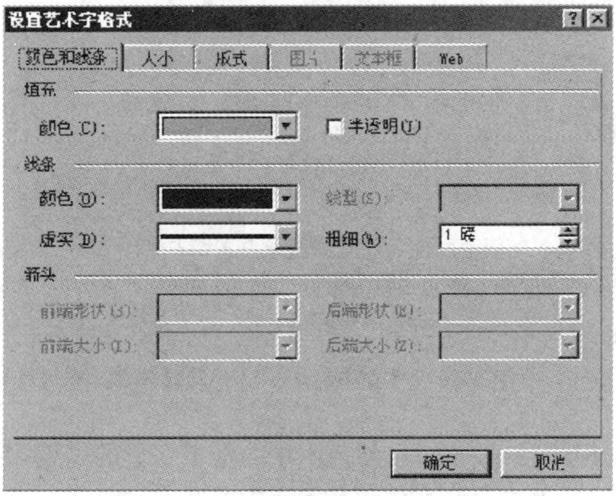

图 3-105　【设置艺术字格式】对话框

【艺术字形状】：单击时出现如图 3-106 所示的【艺术字形状】菜单，可以设置艺术字的形状。

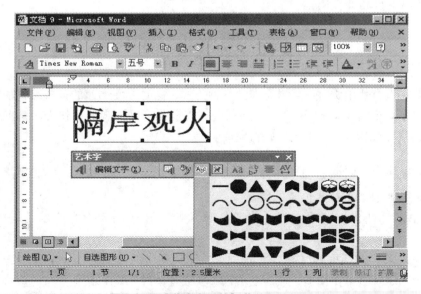

图 3-106　【艺术字形状】菜单及其示例

【自由旋转】：单击时艺术字周围出现 4 个绿色的圆形控制点，按住鼠标左键拖动可以把艺术字旋转任意角度。

【文字环绕】：单击时弹出【文字环绕】菜单，从中选择一种环绕方式来调整艺术字与正文文字的位置关系（如图 3-107 所示）。

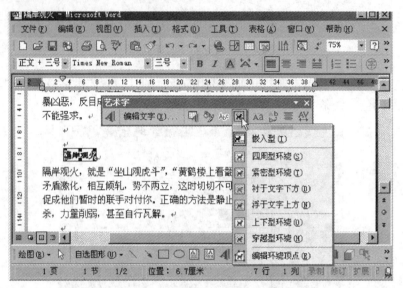

图 3-107 【文字环绕】菜单及其示例

【艺术字字母高度相同】：单击时可使艺术字的每个字母的高度相同。

【艺术字竖排文字】：单击时竖直排列艺术字中的文字。

【艺术字对齐方式】：可以使多行艺术字进行对齐排列，其中包括【左对齐】、【右对齐】、【居中】、【单词调整】、【字母调整】和【延伸调整】。

【艺术字字符间距】：单击时可以调整艺术字的字符间距其中包括【很密】、【紧密】、【常规】、【稀疏】和【很松】。

3.12 公式编辑器

在编辑有关自然论文时，经常会遇到各种公式，这时方便迅速的公式编辑功能对于用户来说是必不可少的。Word 2003 中文版的公式编辑器能以直观的操作方法帮助用户生成各种公式，从简单到复杂，都可以轻松完成。

下面，以在文档中插入一个简单的求和公式 $S(t) = \sum_{i=0}^{\infty} x_i^2(t)$ 为例，具体的操作步骤如下。

（1）将光标移到要插入公式的位置。

（2）单击【插入】菜单中的【对象】选项，打开如图 3-108 所示的【对象】对话框。

（3）【对象】对话框的【新建】选项卡。在选项卡的【对象类型】列表框中，选中【Microsoft Equation 3.0】选项，然后双击该选项或者单【确定】按钮。这时就会启用数学公式编辑器，进入【公式编辑器】窗口（如图 3-109 所示）。

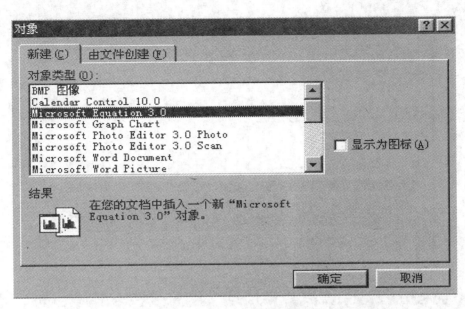

图 3-108　【对象】对话框

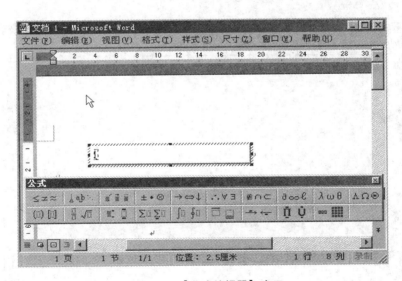

图 3-109　【公式编辑器】窗口

（4）在【公式编辑器】窗口中，会有一个【公式】工具栏。工具栏的顶行提供了一系列的符号，工具栏的底行提供了一系列的工具模板。

下面输入级数平方的表达式，由于级数带有上、下标，因此，应该单击【上标和下标模板】[图标] 按钮，并在弹出的工具板中选择带有上下标的模板（如图 3-110 所示）。然后，在主体小方框中输入"x"，在上标小方框中输入"2"，在下标小方框中输入"i"，最后再输入"(t)"，公式即输入完成。在输入公式时，公式编辑器会根据数学方面的排字惯例自动调整字体的大小、间距和格式。

在完成公式编辑后，单击【公式编辑器】以外的任何位置，即可返回文档。这时，公式已经插入到文中了（如图 3-111 所示）。

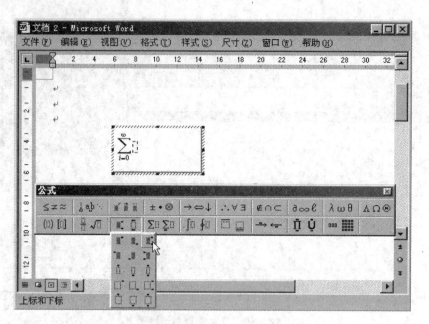

图 3-110　输入上、下标

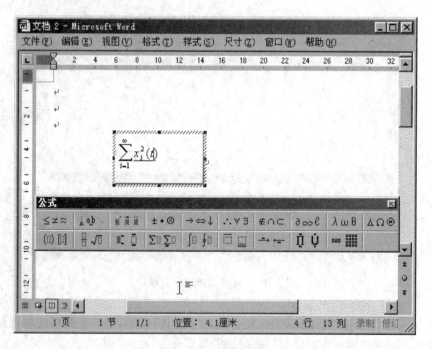

图 3-111　在文档中插入的公式

　　公式插入文档后，就成为了一个整体，即一个对象。单击公式，公式就会被选中，可以对公式进行复制、粘贴、删除等操作。用鼠标拖动被选定的公式周围的小框，就可以改变公式的长度、宽度和大小。

　　此外，还可以用【图片】对话框上的【设置对象格式】按钮改变公式的大小、位置等选项。如果对公式重新做一些编辑，只需双击公式，即可以回到公式编辑器的编辑窗口，重新编辑公式。

习　题

一、简答题

1. 在 Word 中，【文件】菜单底部列出的文件名表示什么？怎样改变列出的文件名个数？
2. 如何在 Word 文档中设置字符格式和段落格式？
3. 列举在 Word 中打开【表格和边框】工具栏的几种方法。
4. 简述段落标记、分节符和人工分页符的作用。
5. 如何在 Word 中设置页眉和页脚？

二、上机操作题

1. 录入下面的内容并进行排版。

计算机语言

人要指挥计算机运行，就要使用计算机能听懂能接受的语言。这种语言按其发展程度，使用范围可以区分为机器语言与程序语言（初级程序语言和高级程序语言）。

机器语言和程序语言

机器语言是 CPU 能直接执行的指令代码组成的，这种语言中的字母最简单只有零和一。

高级语言广泛使用英文词汇、短语、可以直接编写与代数式相似的计算公式，用高级程序语言比用汇编程序语言简单得多，程序易于改写和移植，BASIC，C，JAVA 都属于高级程序语言。

2. 设置页面格式。32 开纸，左、右边距为 2 cm，上、下页边距 为 2.5 cm。
3. 为正文第一段设置段落格式和字符格式。中文：楷体，小四号；英文：Time New Roman；首行缩进 2 字符，两端对齐，段间距为 1.5 倍，段后距为 0.5 行。
4. 将第一段的格式复制给最后一段。
5. 设置页眉，奇数页为"计算机语言"，偶数页为"习题"。
6. 在奇数页插入艺术字"语言"，设置水印效果。
7. 新建文档，制作下面表格。

年　度　工　作　计　划　统　筹　图													
		1	2	3	4	5	6	7	8	9	10	11	12	负责人
A 项 目	工作1													王朋
	工作2													赵昌
	工作3													张晶
B 项 目	工作1													陈飞
	工作2													吴起
	工作3													刘月
备 注														

第 4 章　电子表格软件 Excel 2003

 考核要点

1. 电子表格的基本概念，中文 Excel 的功能、运行环境、启动和退出。
2. 工作簿和工作表的基本概念，工作表的创建、数据输入、编辑和排版。
3. 工作表的插入、复制、移动、更名、保存和保护等基本操作。
4. 单元格的绝对引用和相对引用的概念，工作表中公式的输入与常用函数的使用。
5. 数据清单的概念，记录单的使用，记录的排序、筛选、查找和分类汇总。
6. 图表的创建和格式设置。
7. 工作表的页面设置、打印预览和打印。

4.1　Excel 2003 的基本知识

Excel 2003 是微软公司推出的电子表格软件，是 Office 2003 办公系列软件的重要组成部分。它以友好的界面、强大的数据计算功能，既可以存储信息，又可以进行计算、数据排序、用图表的形式显示数据，广泛应用于财务、行政、金融、统计等众多领域。

4.1.1　Excel 2003 的启动和退出

1. Excel 2003 的启动

与其他的应用程序类似，Excel 2003 的启动一般有以下几种方法。

（1）在【开始】菜单中选择【程序】|【Microsoft Office】|【Microsoft Office Excel 2003】选项。

（2）在【我的电脑】或【Windows 资源管理器】窗口中双击工作簿文件（扩展名为.xls）的图标，打开工作簿文件同时启动 Excel 2003。

（3）在桌面上双击 Excel 2003 快捷图标，启动 Excel 2003 的同时建立一个新的工作簿。

（4）在【启动】文件夹中添加 Excel 2003 快捷方式，每次启动 Windows XP 时自动启动 Excel 2003，同时建立一个新的工作簿。

启动 Excel 2003 后，屏幕显示 Excel 2003 应用程序窗口，如图 4-1 所示。

2. Excel 2003 的退出

完成 Excel 操作后，可以关闭或退出 Excel 2003，一般有以下几种方法。

（1）在 Excel 2003 菜单栏上选择【文件】|【退出】选项。

（2）在 Excel 2003 窗口的左上角双击系统控制菜单按钮。

（3）在 Excel 2003 窗口的左上角单击系统控制菜单按钮，在弹出的控制菜单中选择【关闭】选项。

5

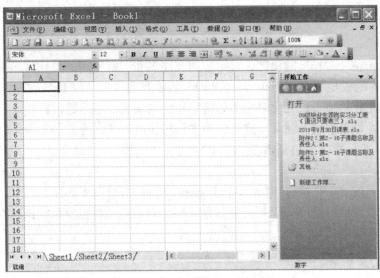

图 4-1　Excel 2003 工作窗口

（4）按 Alt＋F4 组合键，或单击 Excel 2003 窗口右上角的关闭按钮。

如果在退出 Excel 前没有将新建或修改的工作簿存盘，将弹出对话框，提示是否要将修改过的工作簿存盘。单击【是】按钮存盘退出，单击【否】按钮不存盘退出，单击【取消】按钮不退出。

4.1.2　Excel 2003 的窗口界面

启动 Excel 2003 之后，将进入 Excel 的工作窗口，如图 4-2 所示。该窗口与同为 Office 2003 组件的 Word 十分类似，主要包括标题栏、菜单栏、工作栏、工作区和任务窗格等，但也有一些不同于 Word 的地方。

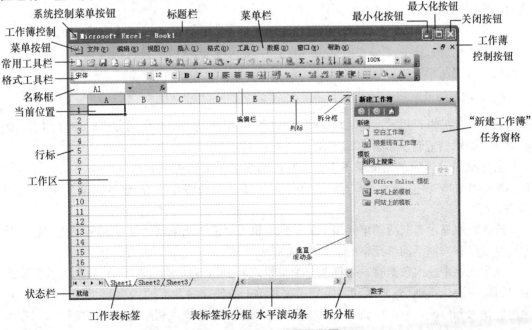

图 4-2　Excel 工作界面组成

标准的 Excel 2003 工作界面包括以下主要部分。

1. 标题栏

标题栏位于整个工作区的顶部，显示应用程序名和当前使用的工作簿名字。例如，刚打开 Excel 时标题栏显示 Microsoft Excel-Book1 表示当前窗口是以 Excel 打开的名为 Book1 的工作簿。当工作簿窗口最大化时，工作簿标题栏与应用程序标题栏合并。

标题栏最左端是系统控制菜单按钮，单击该按钮可打开系统控制菜单。利用控制菜单可对系统窗口进行操作，包括改变窗口的大小、移动窗口、最大化系统窗口、最小化系统。

标题栏最右端有 3 个按钮：【最小化】按钮，【最大化/向下还原】按钮、【关闭】按钮。若当前窗口为活动窗口（标题栏为蓝色）时，双击标题栏可使系统窗口在最大化和还原两种状态之间切换。

2. 菜单栏

Excel 的菜单栏与其他 Windows 软件的形式相同，也可以根据用户的使用智能地显示个性化的菜单。默认情况下，菜单栏包括 9 组菜单命令。

在菜单栏右端有【最小化】按钮、【最大化/向下还原】按钮、【关闭】按钮，可改变工作簿窗口的大小、最大化和最小化工作簿窗口、关闭工作簿窗口等。

菜单栏的操作方法与 Windows 应用程序相同，可用鼠标或键盘选择菜单命令，也可以直接用快捷键（在菜单选项右侧）选择菜单命令。

3. 工具栏

Excel 工具栏按类别包含了很多常用命令，如新建、保存等，用鼠标单击工具按钮可进行相应操作。利用工具栏可避免打开菜单选命令的麻烦，提高了工作效率。操作时，先选择对象（单元格、图表等），然后单击工具按钮。有些工具栏中包括下拉列表，单击下拉列表将弹出菜单。

Excel 2003 启动后，窗口中显示两个工具栏。【常用】工具栏和【格式】工具栏。根据需要，可用【视图】菜单中的【工具栏】（Toolbar）选项或工具栏快捷菜单增加、移去工具栏，或定制相应的工具栏。

4. 名称框和编辑栏

名称框和编辑栏指示当前活动单元格的单元格引用及其中存储的数据，由名称框、按钮工具和编辑栏组成，如图 4-2 所示。

名称框显示当前单元格或图表、图片的名字。单击名称框右边的向下箭头，可以打开名称框中的名字列表；单击其中的名字，可以直接将单元格光标移动到对应的单元格。

编辑栏中显示当前活动单元格中的信息，也可以输入或编辑当前单元格中的数据，数据同时显示在当前活动单元格中。

在单元格中输入数据时，名称框与编辑栏之间显示按钮 ×、√、fx，分别为放弃输入项（同 Esc 键）、确认输入项和编辑公式项。单击按钮 ×（放弃输入项）可以取消单元格中内容输入和修改；单击按钮 √ 可以确定对活动单元格的输入和修改；单击按钮 fx 可以编辑公式。

5. 工作区窗口

启动 Excel 后所见到的整个窗口，是 Excel 的工作区窗口。窗口的周边有窗口外框，可以改变窗口尺寸。整个 Excel 工作区是一个容器，其中包括标题栏、菜单栏、工具栏、任务窗格等，在工作区的正中是显示工作簿的区域，在工作区中可以同时打开多个工作簿，分别进行操作。

6. 工作簿窗口

工作簿窗口是进行数据处理、绘图等工作的区域。单击工作簿窗口右上角的最大化（或恢复）按钮、最小化按钮和关闭按钮，可以调整工作簿窗口的大小或关闭工作簿窗口。

7. 工作表标签

工作表标签在工作簿窗口的底部，如图 4-2 所示，包括 Sheet1、Sheet2、Sheet3 等若干个工作表标签和左边的 4 个工作表标签滚动按钮。可以用鼠标单击工作表标签的方式选择要使用的工作表。刚打开工作簿时，Sheet1 是活动的工作表。工作表命名后，相应工作表的标签含有该工作表的名字。

工作表标签滚动按钮用于左右调整工作表标签的显示位置，当工作簿中的工作表较多时，部分工作表标签会被右边的滚动条遮挡，如图 4-3 所示，这时可以单击工作表标签滚动按钮调整，显示想要操作的工作表标签。这 4 个按钮的功能从左到右分别是：显示第一个工作表标签、显示位于当前显示标签左边的工作表标签（整个工作表标签向右移动）、显示位于当前显示标签右边的工作表标签（整个工作表标签向左移动）、显示最后一个工作表标签。

用表标签滚动按钮滚动到某个工作表后，必须单击该工作表的表标签才能激活该工作表。

当然也可以拖动位于工作表标签和水平滚动条之间的表标签拆分框，以显示更多的工作表标签，或增加水平滚动条的长度。

图 4-3　工作表标签

8. 工作表拆分框

工作表拆分框位于水平滚动条右端和垂直滚动条顶端，用鼠标拖动可拆分工作表。拆分后可在同一界面中同时显示一个工作表的两个部分。

9. 状态栏

状态栏在屏幕的底部，显示当前工作区的状态信息。状态栏的左部是信息栏，显示与当前命令相关的信息。大多数情况下，信息栏显示"就绪"，表明工作表正准备接收信息。选定或指向工具按钮或选定某条命令时，信息栏显示相应的解释信息。在编辑栏中输入信息时，信息栏显示字样变为"编辑"。当打开菜单后，信息栏随着鼠标或键盘的移动显示相应的菜单命令。

状态栏的右部是键盘信息栏，其功能和含义与 Word 相同。

10. 任务窗格

任务窗格是 Office 2003 中提供常用命令的窗口，位于应用程序窗口的右侧，如图 4-2 所示，尺寸较小，可以一边使用相应的命令，同时继续处理文件。

在菜单栏上选择【视图】|【任务窗格】选项，可以显示任务窗格。Excel 2003 提供【开始工作】、【新建工作簿】、【搜索结果】、【剪贴板】、【剪贴画】、【帮助】、【信息检索】等任务窗格，执行这些操作时，可以自动显示相应的任务窗格。

4.1.3　Excel 2003 的基本概念

1. 工作簿

工作簿是 Excel 中存储并处理工作数据的文件，是 Excel 储存数据的基本单位。一个工作簿就是一个扩展名为".xls"的文件，一个工作簿最多可以有 255 个不同类型的工作表，可以将相同的数据以不同工作表的方式存放在一个工作簿中。工作簿内除了可以存放工作表外，还可以存放宏表、图表等。

新建工作簿时，Excel 自动建立 3 个工作表，分别是 Sheet1、Sheet2、Sheet3，用户也可以为这 3 个工作表重新命名，也可以随时插入新工作表。

工作表名字以标签形式显示在工作簿窗口底部，单击工作表标签可以进行切换。若工作表标签不可见，可通过工作表标签滚动按钮移动到当前显示的标签中。

2. 工作表

Excel 的工作表是工作簿的一部分，用于存放一个二维表，是 Excel 中用来处理和存储数据的主要文档。一个工作表由 65 536 个行、256 个列组成。行号由上到下用 1 到 65 536 编号；列号由左到右采用字母编号，由 A 到 IV。

行、列交叉位置称为单元格。工作表由单元格组成，可以在其中输入文字、数字、日期或公式等。在一个工作簿文件中，无论有多少个工作表，保存时都保存在一个工作簿文件中，而不是逐个工作表单独保存。

3. 单元格

单元格是 Excel 的基本操作单位。可以输入任何数据，如一组数据、一个字符串、一个公式等，都保存在单元格中。一个工作表有 65 536 × 256 个单元格。为方便操作，每个单元格有唯一的坐标，由单元格所在列的列号和所在行的行号组成。例如，A5 表示 A 列 5 行交叉位置上的单元格、B6 表示 B 列 6 行交叉位置上的单元格。

一个工作簿可有多个工作表，为区分不同工作表的单元格，可在单元格地址前加上工作表名来区别。例如，Sheet2！E7 表示该单元格为 Sheet2 工作表中的 E7 单元格。其中！为工作表名与单元格坐标之间的分隔符。

4. 单元格区域

单元格区域是用两对角（左上角和右下角）单元格表示的多个单元格。例如，单元格区域 A2：C3 由如图 4-4 所示的单元格 A2、A3、B2、B3、C2、C3 这 6 个单元格组成。

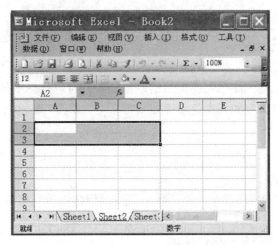

图 4-4　单元格区域

5. 活动单元格

所谓活动单元格是指当前选定的一个单元格，其外边有个黑框，称为选择器。每一时刻只有一个单元格为活动单元格，这时所进行的操作都是针对这个单元格的，在名字框中显示活动单元格坐标，编辑栏中显示的是活动单元格的内容，如图 4-5 所示。

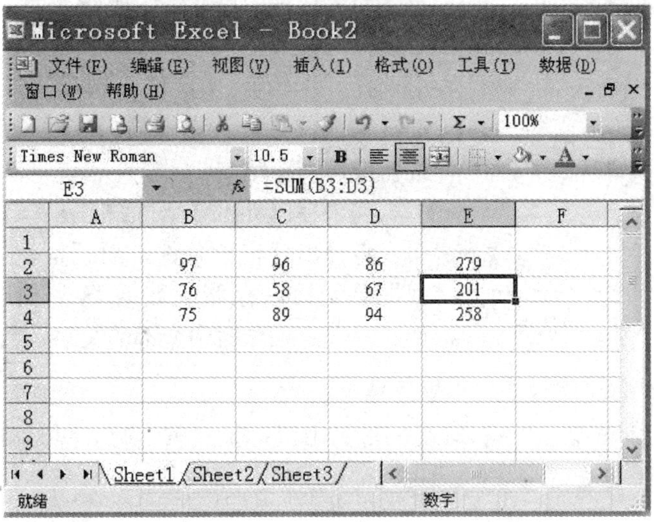

图 4-5　活动单元格

4.2　Excel 2003 的基本操作

建立好一个工作表后，就要对其内容进行编辑，由于 Excel 要处理的数据全部存放在单元格中，所以编辑工作表实际上就是对单元格中的内容进行编辑。下面将对单元格的操作进行详细的介绍。

4.2.1　单元格的选定

在对一个单元格或单元格区域进行操作之前，需要先选定单元格或单元格区域，使其成为活动单元格。根据不同的需要，可以选择单个单元格、一个单元格区域、不相邻的两个或两个以上的单元格区域、一列或一行、全部单元格等。具体的操作方法如下。

1. 单个单元格的选择

单击要选择的单元格，该单元格成为活动单元格，对应行标中的数字和列标中的字母突出显示。也可以用键盘上的方向键（↑、↓、←、→）、Tab 键（右移）、Shift + Tab 组合键（左移）选择单元格。

2. 连续单元格区域的选择

（1）用鼠标拖动选择

例如，选择 A2：H4 为活动单元格区域，先用鼠标指向单元格 A2，按下鼠标左键并拖动到单元格 H4。

（2）使用 Shift 键选择单元格区域

例如，选择 A1：E10 为活动单元格区域，先单击单元格 A1，然后按住 Shift 键再单击 E10。或先单击单元格 A1，然后按一下 F8 键进入扩展模式，再用鼠标单击单元格 E10，最后再按一下 F8 键关闭扩展模式。

（3）用定位命令选择

当要选择的单元格区域较大时，可用【定位】命令选择。例如，选择单元格区域 A1：Z100，在菜单栏上选择【编辑】|【定位】选项，在【定位】对话框的【引用位置】文本框输入 A1：Z100，单击【确认】按钮或按回车键。

如果在【定位】对话框中单击【定位条件】按钮，将弹出【定位条件】对话框，如图 4-6 所示，可根据单元格内存储的数据类型选定需要的内容。例如，只选定工作表中全部的文字、数字或公式。

图 4-6 【定位条件】对话框

3. 单列、单行和连续列、行区域的选择

单击列标或行标可以选定一列或一行，用鼠标拖动列、行，可选择一个列区域或行区域。

4. 选定整个工作表（全选）

单击工作簿窗口左上角的全选按钮，选定当前工作表的全部单元格。

5. 不连续单元格区域的选择

先按住 Ctrl 键，再分别单击各个单元格或用鼠标拖动选择单元格区域。也可以按 Shift + F8 键，打开增加模式；选择结束后再按一次 Shift + F8 关闭增加模式。这种方法也可以在多个工作表中选择多个单元格区域。例如，在 Sheet1 中选择 A1：D6，同时在 Sheet2 中选择 A3：E8，在 Sheet3 中选择 B1：C3。

6. 多行、多列的选择

使用 Shift 键和 Ctrl 键，可以选择多列、多行。例如，同时选择 A、B、C、D 列，1、2、3、6 行。单击列号 A，按住 Shift 键，单击列号 D；按住 Ctrl 键，从行号 1 拖动鼠标到行号 3；再按住 Ctrl 键，用鼠标单击行号 6。

4.2.2　单元格数据输入

选定要输入数据的单元格，使其变为活动单元格后，就可以在单元格中输入数据。输入内容同时出现在活动单元格和编辑栏上，若出现差错，则可在确认前按 Backspace 键删去最后字符，或单击按钮 × 放弃输入或按 Esc 键删除单元格中的内容。单击按钮 √ 或按 Enter 键可把输入到编辑栏上的内容放到活动单元格中，也可直接将单元格光标移到下一个单元格，表示输入结束。

1. 文本的输入

文本包括英文字母、汉字、数字以及其他特殊字符的组合，如学生成绩表中的姓名。默认情况下，单元格中输入文本时自动左对齐。如果要将数字作为文本输入，应在其前面加上单引号，例如，学生信息表中的电话号码 02488045022 输入方法是 "'02488045022"。

Excel 设定单元格的显示宽度为 8 个字符，如果输入文字超过当前单元格的显示列宽时，显示的结果会有所调整，但单元格的内容不变，具体如下。

（1）当右边单元格中没有数据时，则所输入的文字可以跨列显示。

（2）当右边单元格中有其他数据时，则所输入的文字超过列宽部分不显示，这时只要增加列宽，这部分即可恢复显示。

2. 数字的输入

在默认情况下，单元格中数字右对齐。单元格中显示的数值称为显示值，单元格中存储的值在编辑栏显示时称为原值。单元格中显示的数字位数取决于该列宽度和使用的显示格式。

在单元格中输入数字时，应注意以下几点。

（1）输入负数要在前面加一个负号或将其放入括号中，例如输入 "−23"，可以直接输入 "−23" 或输入 "−（23）"。

（2）若输入数字位数超过单元格宽度，自动以科学计数法表示，如 1.34E+05。

（3）若单元格中填满 # 符号，表示该单元格所在列没有足够宽度显示这个数字，需要改变单元格的数字格式或改变列的宽度。

（4）单元格中数字格式的显示取决于显示方式。如果在常规格式的单元格中输入数字，则根据具体情况套用不同的数字格式。例如，若输入 ￥123.45，自动套用货币格式。

（5）可以使用小数点，也可以在千位、百万位等处加 "千位分隔符"（逗号）。输入带逗号的数字时，单元格中显示时带有逗号，编辑栏显示时不带逗号。例如，输入 1,234.56，编辑栏中将显示 1234.56。

（6）为避免将分数视作日期，分数前加上一个整数，如果是纯小数前面加上一个 0，如 "0 1/2" 表示二分之一，"2 1/4" 表示 2.25。

（7）若数字项以百分号结束，该单元格将应用百分号格式。例如，在应用百分号的单元格中输入 "26%"，编辑栏中显示 "0.26"，单元格中显示 "26%"。

（8）若数字项中用 "/"，且字符串不可能被理解为日期型数据，认为该项为分数。例如，14 3/5，编辑栏中显示 14.6，单元格中显示 14 3/5。

3. 日期和时间的输入

如果输入一个日期或时间，则 Excel 自动转换为序列数，该序列数表示从 1900 年 1 月

1 日开始到当前输入日期的数字。其中，时间由 24 小时制的十进制分数表示。

可用多种格式输入日期和时间，在单元格中输入可识别的日期和时间数据时，单元格的格式自动从"通用"格式转换为"日期"或"时间"格式，不需要设置该单元格为日期或时间格式。输入日期和时间数据时有如下快捷方式。

（1）选定含有日期的单元格，然后按 Ctrl + #键，可以使用默认的日期格式对一个日期进行格式化。

（2）按 Ctrl + ;组合键可以输入当前日期。

（3）按 Ctrl + Shift + ;组合键可以输入当前时间。

（4）按 Ctrl + @组合键可以用默认的时间对单元格进行格式化。

4.2.3 快速输入批量数据

前面介绍了在 Excel 单元格中输入数据的基本方法，如果输入的数据量较大且有一定的规律，则可以采用一些方法来提高数据输入的效率，具体操作方法如下。

1. 在多个单元格中输入相同数据

有时需要对工作表中的多个单元输入相同的数据，这时可以输入一个单元格后，使用复制、粘贴对数据进行复制，也可以采用如下的方法一次性输入数据。

（1）使用 Ctrl 键和鼠标配合，选定要输入相同内容的多个单元格或单元格区域，在活动单元格中输入数据。

（2）输入数据后，按下 Ctrl + Enter 组合键，这时所选择的全部单元格或单元格区域中都出现相同的数据。

2. 在多个工作表中输入相同的数据

有时需要在多个工作表的相同位置输入相同的数据，例如在创建学生成绩表时，多个班级的工作表的表头都是相同的，这时可以采用以下方法。

（1）按住 Ctrl 键，逐个单击要输入相同数据的工作表标签，选中所有要输入相同数据的工作表。松开 Ctrl 键，这时被选择的多个工作表称为一个工作组。

（2）选中要输入相同数据的单元格，输入数据，如图 4-7 所示。

（3）输入完毕后，单击任意一个工作表的表标签结束操作。

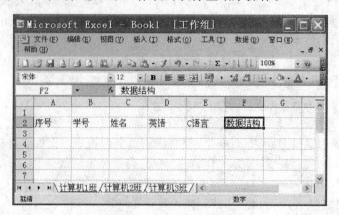

图 4-7　多工作表输入数据

3. 选择列表的使用

【选择列表】可以从当前列所有的输入项中选择一个填入单元格（适用于文字的输入），以避免有关名称输入不一致的情况。例如，人工输入时，课程名称 "C 语言程序设计" 有可能输入为 "C 语言设计" 或 "C 语言" 等不同的名称。【选择列表】功能可以避免这种情况的出现，同时可以提高数据输入的效率，具体的操作方法如下。

在一个列表中，或在一个文字列表的下面右击一个单元格，在弹出的快捷菜单中选择【从下拉列表中选择】选项，或按 Alt + ↓组合键，弹出一个输入列表，该列表包括所有在该列中出现过的值，从中选择需要的项即可。例如，在单元格 A1 至 A4 分别输入 "英语"、"专业数学"、"C 语言程序设计" 和 "数据结构"，然后按 Alt + ↓组合键，就会出现如图 4-8 所示的输入列表，直接选择即可。

图 4-8　选择列表

4. 自动填充数据

在给单元格输入数据的过程中，如果输入的数据有规律，例如等差数列、等比数列、星期一至星期日等，甚至是值相同的序列，都可以使用 Excel 的自动填充功能。

首先介绍一下利用自动填充功能把单元格内容复制到同行或同列的相邻单元格等方法。

例如，将单元格 A1 的内容复制到单元格区域 A2：A6，操作步骤如下。

（1）选中被复制的单元格，本例为 A1。

（2）将鼠标指针移到该 A2 单元格右下角的填充柄上，鼠标指针变成细的十字形状。

（3）按住鼠标左键不放，拖动到目标区域的右下角单元，本例为 A6。

（4）释放鼠标按键，源单元格的内容复制到目标单元格区域 A2：A6。

在 Excel 2003 中可以建立以下的序列。

（1）等差序列。建立一个等差序列时，将用一个常量值步长来增加或减少数值，例如

1、2、3 或 1、4、7、11 等。

（2）等比序列。建立一个等比序列时，将用一个常量值因子与数值相乘，例如 2、4、8、16 等。

（3）日期。时间序列可以包含指定的日、星期或月增量，或者诸如工作日、月名或季度重复序列。

（4）根据中国传统习惯设置的序列。根据中国传统习惯，预先设置有：一月、二月……十二月；正月、二月……腊月；第一季度……第四季度；星期一、星期二……星期日；子、丑……亥；甲、乙……癸。图 4-9 所示为以上序列自动填充的效果。

在填充过程中，如果第一个单元格中输入的数据是数字，则用上述方法填充出来的所有数据都相同；如果按住 Ctrl 键，用鼠标拖动填充柄，可以填充步长值为 1 的等差数列；如果需要输入的序列差值是 2 或 2 以上，则要求先输入前两个数据，然后选中这两个单元格，再沿填充方向拖动鼠标进行填充；如果要求输入的序列比较特殊，则需要用菜单命令进行填充。具体方法为在菜单栏上选择【编辑】|【填充】|【序列】选项，弹出如图 4-10 所示的【序列】对话框，对选项进行选择后，单击【确定】按钮。

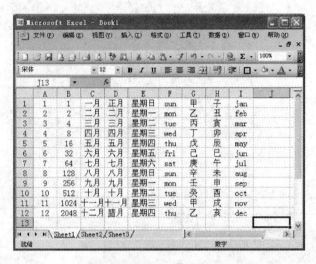

图 4-9　自动填充的几种效果

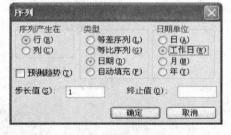

图 4-10　【序列】对话框

用户可以利用自定义序列功能添加新数据序列，用于自动填充复制，具体操作方法有以下两种。

（1）直接在【自定义序列】对话框内建立序列。

在菜单栏上选择【工具】|【选项】选项，弹出【选项】对话框；在【自定义序列】选项卡中单击【添加】按钮，可在输入序列中逐项输入自定义的数据序列，每项数据输入完即按回车键（例如添加1，2节、3，4节、5，6节）；单击【确定】按钮，如图 4-11 所示。

（2）从工作表导入。

如果在工作表中已经用手工方式输入了一个新的数据序列，可以通过自动导入直接添加到系统中，供以后直接自动填充用。选择工作表中已经输入的序列；在菜单栏上选择【工具】|【选项】，弹出【选项】对话框；在【自定义序列】选项卡的【从单元格中导入

序列】文本框中填有工作表中所选的数据序列地址；单击【导入】按钮，工作表中的数据序列出现在【自定义序列】框中。

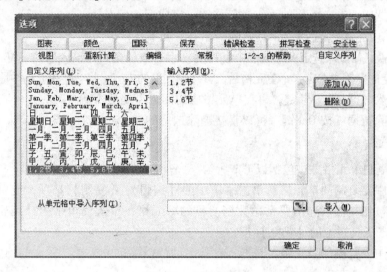

图 4-11　自定义序列

用户自定义序列应遵循以下规则：使用数字以外的任何字符作为序列的首字母；建立序列时，错误值和公式都被忽略；单个序列最多可以包含 80 个字符；每一个自定义序列最多可以包含 2 000 个字符。

对于已经存在的序列，也可以进行编辑或删除，但是不可对系统内部的序列进行编辑或删除操作，具体操作步骤如下。

（1）在图 4-11 所示【自定义序列】选项卡的【自定义序列】列表框中选定要编辑或删除的自定义序列，使其出现在【输入序列】列表框中。

（2）选择要编辑的序列项，进行编辑。

（3）若要删除序列中的某一项，可按 Backspace 键；若要删除一个完整的自定义序列，可单击【删除】按钮。此时，Office 助手出现一个警告："选定序列将永远删除"，单击【确定】按钮即可。

4.2.4　单元格的编辑

单元格数据输入完毕后，可以对其进行修改、删除、复制、移动等操作。

1. 修改单元格中的内容

修改单元格中的数据可以采用两种方式，一种是在编辑栏中编辑单元格的内容，具体方法如下。

（1）选择单元格，使其成为活动单元格，该单元格的内容出现在编辑栏中。如果单元格内容是公式，则编辑栏中显示相应公式。

（2）将鼠标指针移到编辑栏内，鼠标指针变为 "I" 形光标；将鼠标指针移到要修改的位置并单击，按需要插入、删除或替换字符。

（3）按回车键接受修改。

修改单元格的另一种方式是直接在单元格内编辑，具体方法如下。

（1）选择单元格，使其成为活动单元格。

（2）将鼠标移到需要修改的位置上双击或按 F2 键，使该位置成为插入点。

（3）根据需要对单元格的内容进行修改，完成后按回车键。

在修改单元格数据过程中，具体的操作方法如下。

（1）替换式修改。选定一个或多个字符后（字符被加亮）再输入新的字符，新输入的字符替换被选定的字符；选定一个单元格后，直接输入新的内容，将替换单元格中原来的内容。

（2）插入数据。按 Ins 键，可在单元格内的插入点处插入新数据。

（3）删除数据。按 Del 键，可以直接删除选定的一个或多个字符。

2. 复制单元格

常用的复制单元格方法包括以下 3 种。

（1）选中要复制的单元格，单击菜单中的【编辑】|【复制】选项，或单击工具栏上的【复制】按钮，然后选中要粘贴数据的目的单元格，单击菜单中的【编辑】|【粘贴】选项，或单击工具栏上的【粘贴】按钮。

（2）选中要复制的单元格，右击，在弹出的快捷菜单中选择【复制】，选中要粘贴数据的目的单元格，右击，在快捷菜单中选择【粘贴】。

（3）先选中要复制数据的单元格或单元格区域，将鼠标移动到选定单元格或单元格区域的边缘，按住 Ctrl 键，当鼠标变成十字形，拖动鼠标到目的单元格区域，即可将单元格复制到指定位置。

除了上述方法以外，还可以用【选择性粘贴】有选择地复制单元格数据。例如，只对公式、数字、格式等进行复制，将一行数据复制到一列中，或将一列数据复制到一行中。具体操作步骤如下。

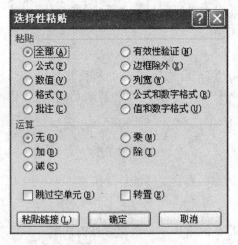

图 4-12　【选择性粘贴】对话框

（1）选定要复制单元格数据的区域，在菜单上选择【编辑】|【复制】选项，或在常用工具栏上单击【复制】按钮。

（2）选定准备粘贴数据的区域，在菜单栏上选择【编辑】|【选择性粘贴】选项，弹出【选择性粘贴】对话框，如图4-12所示。

（3）按照对话框上的选项选择需要粘贴的内容，单击【确定】按钮。

① 若在【运算】栏中选择了【加】、【减】、【乘】、【除】等单选按钮，复制的单元格中的公式或数值与粘贴单元格中的数值进行相应的运算。

② 若选中【转置】复选框，可完成对行、列数据的位置转置。例如，把一行数据转换成工作表中的一列数据。此时，复制区域顶端行的数据出现在粘贴区域的左列处；左列数据出现在粘贴区域的顶端行上。

③ 若选择了【跳过空单元】复选框，则在粘贴时可以使粘贴目标单元格区域的数值不被复制区域的空白单元格覆盖。

【选择性粘贴】只能将用【复制】命令定义的数值、格式、公式或附注粘贴到当前选定单元格区域中，对使用【剪切】命令定义的选定区域不起作用。

3．移动单元格

移动单元格的操作方法与复制单元格类似，只是将其中的【复制】操作改为【剪切】，移动后源单元格数据被清除。采用鼠标拖动方法移动单元格的操作步骤如下。

（1）选择活动单元格，用鼠标指针指向活动单元格的边框，位置正确时，鼠标指针变为十字形箭头。

（2）按住鼠标左键并拖动到目标单元格，释放鼠标左键，完成移动，源数据被移动到目标单元格中。

对于单元格区域，也可采用同样的方法进行复制和移动。选定区域后，用鼠标拖动区域的边框。

4．插入单元格

插入单元格的操作步骤如下。

（1）选定需要插入新单元格的位置，例如把 B3 单元格作为插入点，如图 4-13 所示。单击【插入】|【单元格】选项，弹出【插入】对话框，如图 4-14 所示。

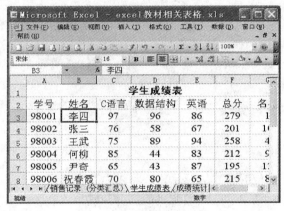

图 4-13　选择插入点　　　　　　　　　　图 4-14　【插入】对话框

（2）选择【活动单元格右移】单选框，将 B3 单元格中原有的内容移到右边。

（3）单击【确定】按钮，完成单元格的插入。插入单元格后的效果如图 4-15 所示。

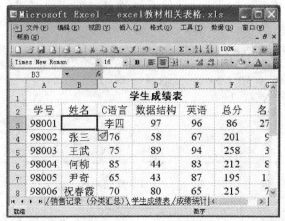

图 4-15　插入单元格操作

5. 插入行/列

在菜单栏上选择【插入】|【行】（或【插入】|【列】）选项，可以在选定行（列）的上方（右边）插入一行或多行（一列或多列）的空白行（列）。插入后，原有单元格相应移动。插入行（列）的数量与选定行（列）的数量相同。

6. 删除与清除单元格

清除是指仅清除单元格中的信息，保留单元格；而删除是将选定的单元格连同其中的内容一起删除，具体操作方法如下。

（1）清除单元格

选定单元格区域，在菜单栏上选择【编辑】|【清除】选项，在【清除】子菜单中包括全部、格式、内容、批注 4 个选项。其中，全部选项清除选定单元格区域中的所有信息。格式选项清除选定单元格区域中设置的格式，保留其中的内容和批注。内容选项清除选定单元格区域中的内容，保留其中的格式和批注。批注选项清除选定单元格区域中的批注，保留其中的格式和内容。清除的快捷方式为选定单元格区域后，按 Del 键，即可清除单元格中所有的信息。

（2）删除

删除单元格或单元格区域的方法是：选定单元格或单元格区域，在菜单栏上选择【编辑】|【删除】命令，或右击单元格，在弹出的快捷菜单中选择【删除】选项，这时会弹出【删除】对话框，其中有右侧单元格左移、下方单元格上移、整行、整列 4 个选项，用于设置删除后其他单元格的移动方式，选定后单击【确定】按钮。

如要删除整行或整列，选定一行（列）或多行（列），在菜单栏上选择【编辑】|【删除】选项。

7. 查找与替换

查找和替换功能可以在工作表中快速定位要查找的信息，并且可以有选择地用指定的值代替。搜索和替换的字符可以包括文字、数字、公式或公式的部分。既可以在一个工作表中进行查找和替换，也可以在多个工作表中查找和替换。查找和替换之前，应先选定搜索范围，否则，将搜索整个工作表。

（1）查找。在菜单栏上选择【编辑】|【查找】选项或按 Ctrl + F 组合键，弹出【查找和替换】对话框中的【查找】选项卡，如图 4-16 所示。可通过对话框上的选项确定查找范围、查找内容和搜索方式。

图 4-16　【查找】选项卡

（2）替换。在菜单栏上选择【编辑】|【替换】选项或按 Ctrl + H 组合键，弹出【查找和

替换】对话框中的【替换】选项卡，如图 4-17 所示。

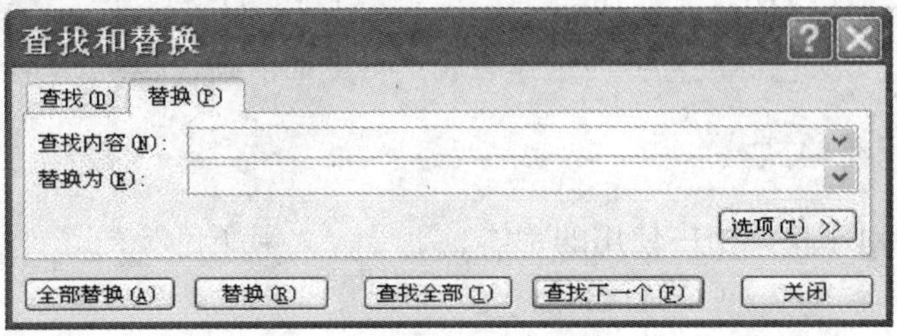

图 4-17　【替换】选项卡

在【查找内容】和【替换为】文本框中分别输入要查找和替换的数据，若单击【替换】按钮，则替换查找到的单元格数据；若单击【全部替换】按钮，则替换整个工作表中所有符合搜索条件的单元格数据。

8. 单元格的批注

菜单栏上选择【插入】|【批注】选项，弹出【单元格批注】框，输入选定单元格的批注内容。完成后，单元格右上方出现一个单元格批注标志，当鼠标指向该单元格时，会在单元格右侧出现批注内容，如图 4-18 所示。

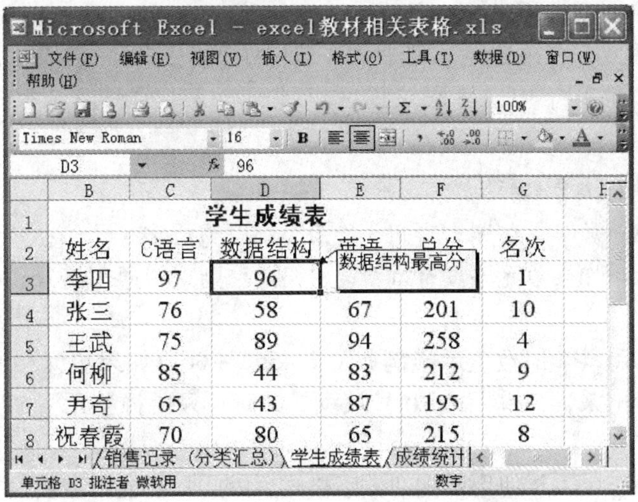

图 4-18　单元格批注

9. 插入图片

在菜单栏上选择【插入】|【图片】选项，弹出【图片】对话框，可以将其他应用程序的图片插入到当前工作表中。

4.3　工作表的格式化

在最初建立的工作表中输入数据时，所有的数据都使用默认的格式，如文字左对齐、数字右对齐、字体采用五号宋体黑色字等。这样的工作表一般不能符合要求。因此，创建工作表后还需要对工作表进行格式化。

Excel 2003 提供丰富的格式化功能，可以完成对数字显示格式、文字对齐方式、字体、字形、框线、图案和颜色等设置，使工作表表达得更加清晰、美观。

4.3.1 设置单元格格式

Excel 2003 中对于单元格中使用的字体、字号、文字颜色等，既可以在数据输入前设置，也可以在数据输入完成后进行设置。

1. 设置单元格的文字格式

用户可以用菜单命令、工具栏或快捷键定义文字的字体、字形、大小、颜色、下划线和特殊效果。

（1）用菜单命令设置。选定单元格区域，在菜单栏上选择【格式】|【单元格】选项，或在快捷菜单上选择【单元格】选项，在【单元格格式】对话框的【字体】选项卡中设置字体、字形、字号、下划线、颜色、特殊效果（删除线、上标和下标）等。完成设置后，可在【预览】框预览当前选定的字体及其格式式样。

（2）用工具栏设置。可用【格式】工具栏的字体、字号等按钮对选定的单元格区域进行设置。

2. 设置单元格的颜色和图案

选定单元格区域；在菜单栏上选择【格式】|【单元格】选项，在【单元格格式】对话框的【图案】选项卡中设置底纹颜色和图案，在【示例】显示框中可预览设置的效果。

3. 设置单元格的数字格式

在工作表内部，数字、日期、时间、货币等都以纯数字存储。在单元格内显示时，按单元格的格式显示。如果单元格没有重新设置格式，则采用通用格式，将数值以最大的精确度显示。

数值很大时，用科学记数表示，例如 1.23456E+06。如果单元格的宽度无法以设定的格式将数字显示出来，则单元格用#号填满。此时，只要将单元格加宽，即可将数字显示出来。

不同的应用场合，需要使用不同的数字格式。因此，要根据需要设置单元格中的数字格式。

默认的数字格式是【常规】格式。输入时，系统根据单元格中输入的数值进行适当的格式化。例如，输入 $1 000 时，自动格式化为 1 000；输入 1/3 时，自动显示为 1 月 3 日；输入 25% 时，系统认为是 0.25 并显示 25%。

设置单元格数字格式可以采用如下两种方法。

（1）选定单元格区域；在菜单栏上选择【格式】|【单元格】选项，或在快捷菜单中选择【单元格】选项，弹出【单元格格式】对话框；在【数字】选项卡的分类列表中选择数字类型及数据格式；单击【确定】按钮或按回车键。例如设置单元格格式为【数值】和【保留 2 位小数】，如图 4-19 所示。

（2）【格式】工具栏有 5 个用于设置单元格数字格式的工具按钮，分别是货币样式、百分比样式、千分分隔样式、增加小数位数、减少小数位数，可以单击这些按钮对单元格的数字格式进行相应设置。

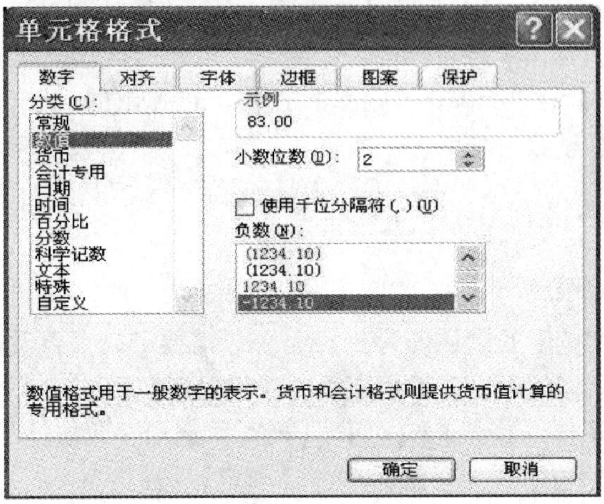

图 4-19【单元格格式】对话框

4.3.2　条件格式

在工作表中，若希望突出显示公式的结果或符合特定条件的单元格，可以使用条件格式。条件格式可以根据指定的公式或数值确定搜索条件，然后将格式应用到工作表选定范围中符合搜索条件的单元格，并突出显示要检查的动态数据。

条件格式的设置方法如下。

（1）选定要设置条件格式的数据区域，例如，学生成绩表中学生成绩数据区域 C3：E15。

（2）单击菜单栏上【格式】|【条件格式】选项，弹出【条件格式】对话框，如图 4-20 所示。

图 4-20　【条件格式】对话框

（3）在【条件格式】对话框中设置条件和条件为真时所采用的单元格格式。例如，在【条件】列表框（条件 1）中选择【单元格数值】选项。在【条件格式运算符】列表框中选择【小于】选项，在【上限框】中输入"60"，如图 4-20 所示。

（4）单击【格式】按钮，弹出【单元格格式】对话框，在【图案】选项卡中设置背景颜色为【红色】，单击【确定】按钮，返回【条件格式】对话框。单击【确定】按钮，完成条件格式的设置。此设置表示当单元格中的数据小于 60 时，单元格的背景为红色。

当需要输入多个条件时，可单击【添加】按钮，为条件公式添加一个新条件，然后为这个条件设置新的格式。

无论是否有数据满足条件或是否显示了指定的单元格格式，条件格式被删除前一直对单元格起作用。在已设置条件格式的单元格中，当其值发生改变，不再满足设定的条件时，Excel 将恢复这些单元格原来的格式。

在【条件格式】对话框中单击【删除】按钮，在弹出的【删除条件格式】对话框中选择要删除的条件，可删除一个或多个条件。

4.3.3 设置工作表的格式

1. 设置工作表的列宽

在工作表中，每列宽度的默认值为 8.38，如果需要可以重新设置工作表的列宽，则设置前先选定需要设置列宽的列，然后用以下方法设置列宽。

（1）在菜单栏上选择【格式】|【列】|【列宽】选项，或快捷菜单中选择【列宽】选项，在【列宽】对话框中输入列宽值，单击【确定】按钮。

（2）在菜单栏上选择【格式】|【列】|【最适合的列宽】选项，所选列的列宽自动调整至合适的列宽值，然后单击【确定】按钮。

（3）将鼠标移到所选列标的右边框，鼠标指针变为一条竖直黑短线和两个反向的水平箭头；按住鼠标左键，拖动该边框（向右拖动加宽，向左拖动变窄）改变列宽度；或双击鼠标，该列的宽度自动设置为最宽项的宽度。

2. 设置工作表行高

当输入数据时，根据输入字体大小自动调整行的高度，使其能够容纳行中的最大字体。也可根据需要设置行高，可以一次设置一行或多行的高度。设置前先选定需要设置行高的行，然后用以下方法设置行高。

（1）在菜单栏上选择【格式】|【行】|【行高】选项，或在快捷菜单中选择【行高】选项，在【行高】对话框中输入要设置的行高值（0 ~ 409 之间的整数，代表行高的点数），然后单击【确定】按钮。

（2）在菜单栏上选择【格式】|【行】|【最适合的行高】选项，所选行的行高自动调整至适合行高值，然后单击【确定】按钮。

（3）将鼠标移到所选行标的下边框，鼠标指针变为一条水平黑短线和两个反向的垂直箭头；用鼠标拖动该边框改变行的高度；或双击鼠标，该行的高度自动设置为最高项的高度。

3. 单元格内容的对齐

（1）用菜单命令设置。选定单元格区域；在菜单栏上选择【格式】|【单元格】选项，或在快捷菜单中选择【设置单元格格式】选项，弹出【单元格格式】对话框；在【对齐】选项卡内选择需要的选项。

（2）用格式工具栏设置。选定单元格区域，在【格式】工具栏上单击【左对齐】、【居中】、【右对齐】、【合并及居中】按钮。

4. 在工作表中添加背景

Excel 默认的工作表背景为白色。用户可以选择背景图案，将其平铺在工作表中，如同 Windows 的墙纸一样，添加背景图案的操作方法如下。

（1）将要添加背景图案的工作表设为当前活动工作表。

（2）在菜单栏上选择【格式】|【工作表】|【背景】选项，弹出【工作表背景】对话框。

（3）选择图形文件（可在对话框右边浏览），单击【插入】按钮，将图形填入工作表中。

从工作表中删除背景图案的方法是菜单栏上选择【格式】|【工作表】|【删除背景】选项。

5. 表格线与边框线

（1）在单元格区域周围加边框

在工作表中给单元格加上不同的边框线，可以画出各种风格的表格。若需要在工作表中分离标题、累计行及数据，可在工作表中画线。

① 用菜单操作。选定单元格区域；在菜单栏上选择【格式】|【单元格】选项，弹出【单元格格式】对话框；在【边框】选项卡的【预置】框内设置边框的样式，在【线型】框内设置线型和颜色，单击【确定】按钮。

② 用工具栏操作。在【格式】工具栏上单击【边框】按钮，弹出可供选择的边框类型，可从中选择一种边框类型。

（2）删除边框

选择有边框的单元格区域，在菜单栏上选择【格式】|【单元格】选项，在【单元格格式】对话框中选取【边框】选项卡，逐个单击所有选项使其为空，单击【确定】按钮。

（3）取消网格线

在菜单栏上选择【工具】|【选项】，弹出【选项】对话框；在【视图】选项卡中单击【网格线】复选框，使其中的"√"符号消失，单击【确定】按钮。

6. 自动套用格式

系统设置了多种专业性的报表格式供选择，可以选择其中一种格式自动套用到选定的工作表单元格区域。设置自动套用格式方法是，选定要套用自动格式的单元格区域，在菜单栏上选择【格式】|【自动套用格式】选项，弹出【自动套用格式】对话框，在【格式】列表框中选择一个格式。如果需要保留所选区域中已设置好的部分格式，则可单击【选项】按钮，打开【应用格式种类】框，清除不需要修改原有格式类型的选项。最后，通过【示例】框查看格式效果，若满意单击【确定】按钮。在菜单栏上选择【编辑】|【撤销自动套用格式】选项，可以取消自动套用的格式。

4.4　工作簿和工作表的基本操作

4.4.1　工作表的基本操作

1. 工作表的选择

在刚建立的新工作簿中，总是将 Sheet1 作为活动工作表。若单击其他工作表的标签，该工作表成为当前活动工作表。例如，当前活动工作表是 Sheet1，若单击 Sheet3 表的标签，则 Sheet3 表将成为当前的活动工作表。可用表标签滚动按钮向左（右）移动工作表的表标签，以便选择其他工作表。

如果建立了一组工作表，而在这些工作表中某些单元格区域需要进行同样的操作（例如输入数据、制表、画图等），则需要同时选择多个工作表。

同时选择一组工作表的方法如下。

（1）选择相邻的一组工作表。选定第一个工作表，按下 Shift 键，单击本组工作表的最后一个表的标签。

（2）选择不相邻的一组工作表。按住 Ctrl 键，依次单击要选择的工作表标签。

（3）选择全部工作表。在表标签快捷菜单中选择【选择全部工作表】选项。选择全部工作表后，对任何一个工作表进行操作，本组其他工作表中也得到相同的结果。因此，可以对一组工作表中的相同部分进行操作，提高工作效率。

单击工作表组以外的表标签，或者打开表标签快捷菜单，选择【取消成组工作表】选项，可取消工作表组的设置。

2. 工作表的命名

可以按工作表的内容命名工作表。方法为在菜单栏上选择【格式】|【工作表】|【重命名】选项；或用鼠标右击需要重命名的工作表表标签，在弹出的快捷菜单中选择【重命名】选项，表标签反白显示，输入工作表名字后按回车键，表标签中出现新的工作表名。

3. 移动或复制工作表

（1）用鼠标直接移动或复制工作表

在表标签中选定工作表，可以用鼠标直接拖动到当前工作簿的某个工作表之后（前）；若在拖动时按住 Ctrl 键，可将该工作表复制到其他工作表之后（前）。同样，也可以将选定的工作表移动或复制到其他工作簿。

（2）用菜单命令移动或复制工作表

在菜单栏上选择【编辑】|【移动或复制工作表】选项，弹出【移动或复制工作表】对话框，选择相应选项后，可以将选定的工作表移动、复制到本工作簿的其他位置（或其他工作簿）中。

4. 删除工作表

选定工作表，在菜单栏上选择【编辑】|【删除工作表】选项，即可删除选定的工作表。

5. 插入工作表

在菜单栏上选择【插入】|【工作表】选项，可以在当前工作表前插入一个新的工作表。

6. 隐藏和取消隐藏工作表

（1）隐藏工作表。选定工作表；在菜单栏上选择【格式】|【工作表】|【隐藏】选项。

（2）取消隐藏。在菜单栏上选择【格式】|【工作表】|【取消隐藏】选项，在弹出的【取消隐藏】对话框中选择要取消隐藏的工作表，然后单击【确定】按钮。

7. 设定工作簿中的工作表数

一个工作簿中默认包含 3 个工作表，可以根据需要设置工作表的数量。方法为在菜单

栏上选择【工具】|【选项】选项，弹出【选项】对话框，在【常规】选项卡的【新工作簿内的工作表数】数值框设定表数，单击【确定】按钮。

8. 窗口的拆分与冻结

（1）拆分窗口

拆分窗口是把当前工作簿窗口拆分成几个窗格，每个窗格都可以用滚动条显示工作表的各个部分。拆分窗口可以在一个文档窗口中查看工作表的不同部分。

① 用菜单命令拆分窗口。选定活动单元格（拆分的分割点），在菜单栏上选择【窗口】|【拆分窗口】选项，工作表在活动单元格处拆分为 4 个独立的窗格。

4 个窗格中各有一个滚动栏，单元格可以在 4 个分离的窗格中分别移动。当用鼠标指向水平、垂直两条分割线的交点时，鼠标指针变为双十字箭头。此时，按下鼠标左键，向上、向下、向左、向右拖动，可改变窗口分割位置。

② 用鼠标拆分窗口。在水平滚动条的右端和垂直滚动条的顶端有一个小方块，称为拆分框。拖动拆分框到要拆分的工作表分割处，可将窗口拆分为 4 个独立的窗格。

③ 撤销拆分窗口。在菜单栏上选择【窗口】|【撤销拆分窗口】选项，或双击分割条，可以恢复窗口原来的形状。

（2）冻结窗格

冻结拆分窗口可将工作表的上窗格和左窗格冻结在屏幕上，当滚动工作表时，行标题和列标题可以一直在屏幕上显示。操作方法是：选定活动单元格（冻结点），在菜单栏上选择【窗口】|【冻结拆分窗口】选项，活动单元格上边和左边的所有单元格被冻结，一直在屏幕上显示。冻结拆分窗口后，按 Ctrl + Home 组合键使单元格光标移动到未冻结区的左上角单元格；在菜单栏上选择【窗口】|【取消窗口冻结】选项，可恢复工作表原样。

（3）放大或缩小窗口

系统默认以 100% 的比例显示工作表，用户可以在常用工具栏右端的【缩放控制】框改变比例，范围是 40%～400%。

4.4.2　工作簿的基本操作

工作簿是运算和存储数据的文件，每个工作簿可由多个工作表组成，当前工作簿的工作表只有一个，称为活动工作表。工作表的名称显示在工作表标签中。

1. 新建工作簿

启动 Excel 时，系统会自动创建一个新的工作簿，并在新建工作簿中新建 3 个空白的工作表 sheet1、sheet2 和 sheet3。创建一个新的工作簿还可以使用如下几种方法。

（1）单击【文件】|【新建】选项，在【新建工作簿】任务窗格单击【空白工作簿】。

（2）单击【常用】工具栏上的【新建】按钮。

（3）创建一个基于模板的工作簿，打开【模板】对话框，选择【电子方案表格】选项卡，如图 4-21 所示，在其中选择需要的模板，单击【确定】按钮即可。

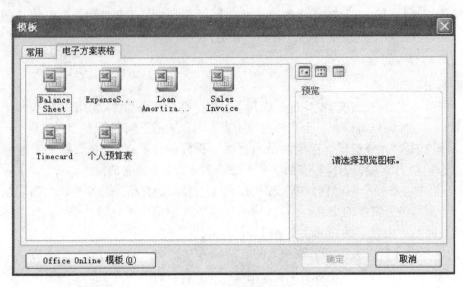

图 4-21 【模板】对话框

2. 保存工作簿

如果是首次保存工作簿，当用户执行【保存】操作时，则会弹出一个【另存为】对话框。若已经保存过的工作簿，单击【保存】按钮，则完成后台保存。操作方法和 Word 是一样的。

3. 打开工作簿

打开已建好的工作簿文档和在 Word 中的操作是一样的。

4.4.3　保护工作表和工作簿

工作表建立好以后，为了防止重要的数据被改动或复制，用户可以利用 Excel 提供的保护功能，对所创建的工作表或工作簿采取保护措施。

1. 保护工作簿

工作簿的保护包括保护工作簿结构和窗口两种形式，操作步骤如下。

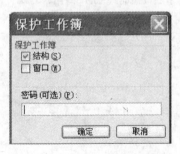

图 4-22 【保护工作簿】对话框

（1）单击【工具】|【保护】|【保护工作簿】选项，弹出【保护工作簿】对话框，如图 4-22 所示。该对话框各选项功能如下。

① 结构复选框。选中此复选框可使工作簿的结构保持现有的格式。删除、移动、复制、重命名、隐藏工作表或插入工作表等操作均无效。

② 窗口复选框。选中此复选框可使工作簿的窗口保持当前的形式。窗口不能被移动、调整大小、隐藏或关闭。

③ 密码文本框。在此框中输入密码可防止未授权的用户取消工作的保护。

（2）在【保护工作簿】对话框中，根据需要进行操作。

（3）单击【确定】按钮，当前工作簿便处于一定的保护状态，菜单上的许多命令将变成灰色不可执行。

如要取消保护，则单击【工具】|【保护】|【撤销工作簿保护】选项，如果设置保护时加有密码，单击【确定】按钮解除保护。

2. 保护工作表

保护工作表和保护工作簿的操作类似，其操作步骤如下。

（1）选定要保护的工作表。单击【工具】|【保护】|【保护工作表】选项，打开【保护工作表】对话框，如图 4-23 所示。

（2）在【取消工作表保护时使用的密码】中输入密码可防止未授权的用户取消工作表的保护。在【允许此工作表的所有用户进行】列表框中选择所要保护的各选项。

（3）单击【确定】按钮即可。

取消工作表的保护方法与前面介绍的取消工作簿保护的操作相同。

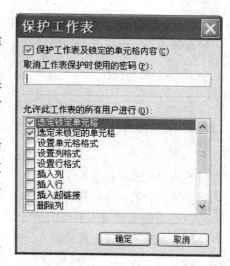

图 4-23 【保护工作表】对话框

3. 保护单元格

对工作表设置保护后，工作表的所有单元格都不能修改。如果用户自己想对该工作表的单元格进行修改或引用，操作起来会非常麻烦。在实际应用中，用户只对工作表中的部分单元格或某些对象实施保护就可以了。

对于所有的单元格、图形对象以及窗口等，Excel 所设置的默认格式都是处于保护和可看见的状态，即锁定状态，但只有对工作表设置了保护以后才生效。

如果想要使实施保护后的工作表中部分单元格可以随意改动，只要在对工作表设置保护之前把这部分单元格的锁定状态取消即可，操作步骤如下。

（1）选定不需要保护的单元格或区域。

（2）单击【格式】|【单元格】选项，在弹出的【单元格格式】对话框中选择【保护】选项卡，取消【锁定】复选框，就取消了制定单元格或区域的锁定状态。

（3）单击【确定】按钮。

4. 隐藏公式

当单元格或区域中包含公式时，Excel 对公式的默认格式是公式在编辑栏上显示。如果既不想让单元格或区域被修改，又不想让该单元格或区域中的公式显示在编辑栏中，操作步骤如下。

（1）选定包含公式的单元格或区域。

（2）单击【格式】|【单元格】选项，在弹出的【单元格格式】对话框选择【保护】选项卡，选中【隐藏】复选框，单击【确定】按钮。

（3）最后把所在的工作表设置为保护状态即可。这样该单元格或区域中的公式即保护和隐藏起来，但公式的计算结果仍在单元格显示。

4.5 公式与函数

Excel 最大的特点就是在表格中应用公式和函数进行复杂的数据计算与管理。熟练应用公式和函数，可以极大地提高工作效率。

4.5.1 Excel 公式

Excel 公式是进行计算和分析的等式，可以对数据进行加、减、乘、除等运算，也可以对文本进行比较、连接等操作。公式通常以符号"="开始。

1. 输入公式

输入公式的操作类似于输入文本，用户既可以在编辑栏中输入公式，也可以直接在单元格中输入公式。具体操作步骤如下。

（1）选择需要输入公式的单元格。

（2）输入"="，然后输入公式内容。

（3）按"Enter"键确定输入。

上述操作也可以在编辑栏中进行，在确定输入时，可以单击编辑栏中的【输入】按钮。在输入公式时要首先输入一个"="，表示即将输入的是一个公式，"="是 Excel 识别公式的标志。公式输入后，在编辑栏中显示输入的公式，在活动单元格中显示公式的计算结果。

【例 4-1】 利用公式计算学生成绩表中的总分。

用鼠标选择单元格 F3，输入"="；单击单元格 C3，输入"+"；单击单元格 D3，输入"+"；单击单元格 E3，在单元格 F3 中显示"=C3+D3+E3"；按"Enter"键，在单元格 F3 中显示学生李四的总分，编辑栏中显示公式内容"=C3+D3+E3"，如图 4-24 所示。

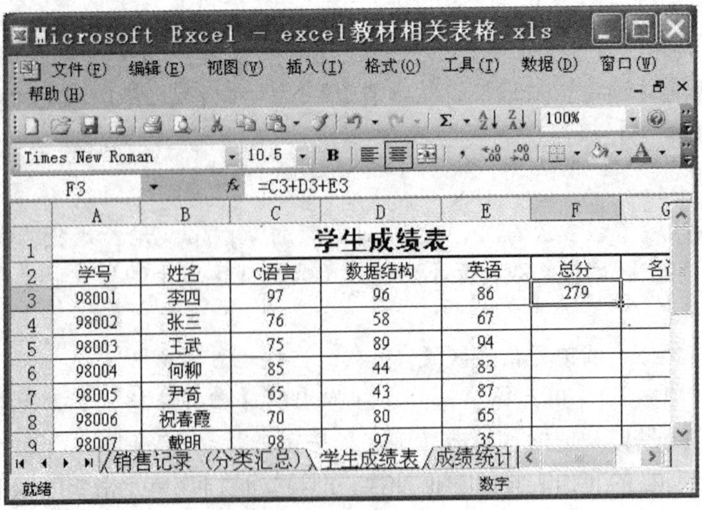

图 4-24 计算学生总分

2. 公式中的运算符

Excel 公式可以包括数、运算符、单元引用和函数等。其中，运算符一般有算术运算符、比较运算符、文本运算符和引用运算符。

（1）算术运算符

算术运算符包括加（＋）、减（－）、乘（×）、除（/）、幂（^）、负号（－）、百分号（%）等，算术运算符连接数字并产生计算结果。

例如，公式 ＝3＋5^2×20% 是先分别求 5 的平方，然后再和 20% 相乘，最后加上 3，公式的值是 5。

（2）比较运算符

比较运算符比较两个数值的大小并返回逻辑值 True（真）和 False（假），包括等于（＝）、大于（＞）、小于（＜）、大于等于（＞＝）、小于等于（＜＝）、不等于（＜＞）。

例如，若单元格 A1 数值小于 60，公式 ＝A1＜60 的逻辑值为 True；否则为 False。

（3）文本运算符

文本运算符 & 将多个文本（字符串）连接成一个连续的字符串（组合文本）。

例如，假设单元格 A1 中的文字为"计算机"，公式 ＝A1&"应用基础" 的值为"计算机应用基础"。

（4）引用运算符

引用运算符可以将单元格区域合并运算，包括冒号（:）、逗号（,）和空格。

① 冒号（:）是区域运算符，可对两个引用之间（包括这两个引用在内）的所有单元格进行引用。例如，A1:D3 是引用从 A1 到 D3 的所有单元格。

② 逗号（,）是联合运算符，可将多个引用合并为一个引用。

例如，SUM（A1:D3，F2:H2）是将 A1:D3 和 F2:H2 两个单元格区域合并为一个进行计算。

③ 空格是交叉运算符，可产生同时属于两个引用的单元格区域的引用。

例如，SUM（A1:D3 B2:B5）只有 B2、B3 同时属于两个引用 A1:D3 和 B2:B5。

如果一个公式中含有多个运算符号，其执行的先后顺序为：冒号→逗号→空格→负号→百分号→幂→乘、除→加、减→&→比较，括号可以改变运算的先后顺序。

3. 公式编辑

跟其他普通数据一样，单元格中的公式也可以进行修改、复制、移动等编辑操作。

（1）修改公式。如果在输入公式过程中发现有错误，则可以选中公式所在的单元格，然后在编辑栏中进行修改。修改完毕后，按 Enter 键。

（2）移动和复制公式。公式的移动和复制与单元格的操作相同。但是，复制、移动公式有单元格地址的变化，对结果将产生影响。例如在例 4-1 中，可以通过把单元格 F3 中的公式复制到单元格 F4，求出张三同学的总成绩，还可以利用自动填充计算全体同学的总成绩。在复制和移动过程中，Excel 自动调整所有移动单元格的引用位置。若单元格移动到已被其他公式引用的位置，则由于原有单元格已经被移动过来的单元格代替，公式将产生错误值"#EFF!"。

（3）自动填充公式。可以使用自动填充方式在同行、同列填充同一公式。若公式中带有单元格引用，还可以按递增自动调整引用的单元格。

还是用例 4-1 建立的成绩表为例，若用公式逐个计算每位学生的总分，操作过程繁琐、容易出错。利用自动填充公式方法，可以快速完成。其操作步骤为：用公式计算第一位学生的总分后，将鼠标移到单元格 F3 右下方的填充柄上，鼠标指针变为黑色十字形状；按住鼠标左键向下拖动到单元格 F9，即可完成总分的计算。

4. 显示公式

一般情况下，在单元格中不显示实际的公式，而是显示计算的结果。只要选择单元格为活动单元格，即可在编辑栏上看到公式。在单元格中显示公式的方法为在菜单栏上选择【工具】|【选项】选项，弹出【选项】对话框；在【视图】选项卡的【窗口选项】框中选择【公式】复选框，单击【确定】按钮。此时，在工作表的单元格中不再显示公式的计算结果，而是显示公式本身。按 Ctrl + `组合键（在 1 键的左边）也可以在【显示公式值】和【显示公式】两者之间切换。

5. 复杂公式的使用

（1）公式的数值转换

在公式中，每个运算符与特定类型的数据连接，如果运算符连接的数值与其所需的类型不同，则 Excel 将自动更换数值类型。

（2）日期和时间的使用

Excel 中显示时间和日期的数字是以 1900 年 1 月 1 日星期日为日期起点，数值设定为 1；以午夜零时（00：00：00）为时间起点，数值设定为 0.0，范围是 24 小时。

日期计算中常常用到两个日期之差，例如，公式 = 2010/3/21 − 2010/3/15，计算结果为 6。此外，也可以进行其他计算，例如，公式 = 2010/3/21 + 2010/3/15，计算结果为 80 510。

注意：输入日期时，若以短格式输入年份（即年份输入两位数），Excel 2003 将做如下处理。若年份在 00 至 29 之间，作为 2000 年至 2029 年处理。例如，上例中的 2010/3/21 可以写为 10/3/21，Excel 认为该日期是 2010 年 3 月 21 日。若年份在 30 至 99 之间，作为 1930 年至 1999 年处理。例如，输入 79/8/10，Excel 认为该日期是 1979 年 8 月 10 日。

6. 数组公式的使用

用数组公式可以执行多个计算并返回多个结果。

数组公式作用于两个或多组被称为数组参数的数值，每组数组参数必须具有相同数目的行和列。

（1）创建数组公式

① 如果希望数组公式返回一个结果，则单击输入数组公式的单元格；如果希望数组公式返回多个结果，则选定输入数组公式的单元格区域。

② 输入公式的内容，按 Ctrl + Shift + Enter 组合键。

若数组公式返回多个结果，则删除数组公式时必须删除整个数组公式。数组公式中除可以使用单元格引用外，也可以直接输入数值数组。直接输入的数值数组称为数组常量。

在公式中建立数组常量的方法。直接在公式中输入数值，并用大括号（{ }）括起来；不同列的数值用逗号分开，不同行的数值用分号分开。

（2）使用数组公式

在图 4-18 所示的学生成绩工作表中，可以用数组公式计算总分。选定要用数组公式计算结果的单元格区域 F3：F9；输入公式 = B3：B9 + C3：C9 + D3：D9，按 Ctrl + Shift + Enter 组合键结束输入并返回计算结果。

7. 中文公式的使用

复制、使用函数以及对工作表中的某些内容进行修改时，涉及单元格或单元格区域。为简化操作，允许对单元格或单元格区域命名，从而可以直接使用单元格或单元格区域的名称来规定操作对象的范围。

单元格或单元格区域命名是给工作表中某个单元格或单元格区域取一个名称，在以后的操作中，涉及已被命名的单元格或单元格区域时，只要使用名称即可操作，不再需要进行单元格或单元格区域的选定操作。

在菜单栏上选择【插入】|【名称】选项，可为单元格、单元格区域、常量或数值表达式建立名称。建立名称后，可直接用来引用单元格、单元格区域、常量或数值表达式；可以更改或删除已经定义的名称，也可以预先为以后要用的常量或计算的数值定义名称。建立名称后，若选定一个命名单元格或已命名的整个区域，则名称出现在编辑栏的引用区域。

具体的操作方法如下。

（1）定义名称

选择需命名的单元格或单元格区域，在菜单栏上选择【插入】|【名称】|【定义】选项，弹出【定义名称】对话框。在【引用位置】栏中自动出现需要定义的单元格或单元格区域，输入要定义的名称后，单击【添加】按钮即可完成名称定义，如图 4-25 所示。

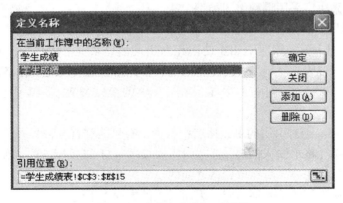

图 4-25　【定义名称】对话框

若在【当前工作簿中的名称】列表中选定一个名称，该名称所代表的单元格（或单元格区域，或常量、公式）出现在【引用位置】框中。若选定一个名称后单击【删除】按钮，则可删除该名称。最后，单击【确定】按钮退出。

（2）粘贴名称

在工作簿中定义名称后就可以在当前单元格或编辑栏的公式中使用名称。若当前正在编辑栏编辑公式，则将选定的名称粘贴在插入点；若编辑栏没有激活，则将选定的名称粘贴到活动单元格光标处，并在名称前面加上"="号，同时激活编辑栏。

粘贴名称的操作方法为：在菜单栏上选择【插入】|【名称】|【粘贴】选项，弹出【粘贴名称】对话框。【粘贴名称】列表框内显示当前工作簿中所有已命名的名称，从中选定要粘贴的名称后，单击【确定】按钮完成粘贴；单击【全部粘贴】按钮可从当前单元格开始粘贴工作簿中全部已定义的名称。粘贴的名称清单是一个两列宽的区域，左边一列显示名称，右边一列显示该名称代表的单元格区域、常量或公式。

（3）指定名称

可以用选定区域中的标记指定名称。在菜单栏上选择【插入】|【名称】|【指定】选项，弹出【指定名称】对话框，按提示指定单元格的名字后，单击【确定】按钮。

（4）应用名称

将已定义的名字替换公式中引用的单元格区域。在菜单栏上选择【插入】|【名称】|【应用】选项，弹出【应用名称】对话框，根据需要选择相应的选项。

4.5.2 公式中的引用

Excel 公式一般不是指出哪几个数据间的运算关系，而是计算哪几个单元格中数据的关系，需要指明单元格的区域，即引用。在公式中经常需要引用单元格，例如，在例 4-1 中输入公式 = C3 + D3 + E3，其中的 C3 就是对单元格 C3 的引用。

在公式中可以引用本工作簿或其他工作簿中任何单元格区域的数据。此时，在公式中输入的是单元格区域地址。引用后，公式的运算值随着被引用单元格的数据变化而变化。例如，在学生工作表中修改了单元格 C3 中的成绩，F3 中的总成绩也会随之改变。

1. 引用的类型

Excel 提供三种不同的引用类型。相对引用、绝对引用和混合引用。在实际应用中，要根据数据的关系决定采用哪种引用类型。

（1）相对引用。直接引用单元格区域名，不需要加 $ 符号。例如，公式 = A1 + B1 + C1 中的 A1、B1、C1 都是相对引用。使用相对引用后，系统记住建立公式的单元格和被引用单元格的相对位置。复制公式时，新的公式单元格和被引用的单元格之间仍保持这种相对位置关系。例如，将例 4-1 中单元格 F3 中的公式复制到 F4 中，公式自动变为"= C4 + D4 + E4"。

（2）绝对引用。绝对引用的单元格名中，列、行号前都有 $ 符号。例如，上述公式改为绝对引用后，单元格中输入的公式应为"= C3 + D3 + E3"。使用绝对引用后，被引用的单元格与引用公式所在单元格之间的位置关系是绝对的，无论这个公式复制到任何单元格，公式所引用的单元格不变，因而引用的数据也不变。

（3）混合引用。混合引用有两种情况，若在列号（字母）前有 $ 符号，而行号（数字）前没有 $ 符号，被引用的单元格列的位置是绝对的，行的位置是相对的；反之，列的位置是相对的，行的位置是绝对的。例如，$A1 是列绝对、行相对，A$1 是列相对、行绝对。

以图 4-26 所示工作簿文件为例，单元格区域 A1 : D2 中存放的是常数，在 E1、E2、E3 三个单元格中输入含有相同单元格位置但引用类型不同的三个公式：= A1 + B1 + C1 + D1、=A2 + B2 + C2 + D2 和 = A$2 + B2 + C$2 + $D2。

将 E1 复制到 F1，公式变为"= B1 + C1 + D1 + E1"；E2 复制到 F2，公式不变；E3 复制到 F3，公式变为"= B$2 + B2 + D$2 + D2"。

可见，原来在 E1、E2、E3 的运算结果是相同的，但在 F1、F2、F3 中引用的单元格发生了变化，因此，运算结果变为不相同了。

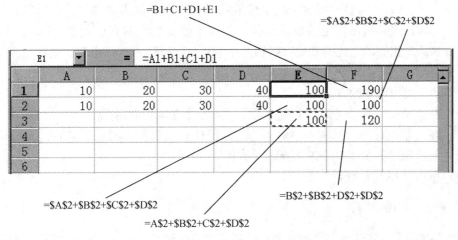

图 4-26　三种引用示例

2. 引用同一工作簿中其他工作表的单元格

在同一个工作簿中，可以引用其他工作表的单元格。设当前工作表是 Sheet1，要在单元格 A1 中求 Sheet2 工作表单元格区域 A1∶C5 中的数据之和。

方法一：在 Sheet1 中选择单元格 A1，输入公式"＝SUM（Sheet2！A1∶C5）"，按回车键。

方法二：在 Sheet1 中选择单元格 A1，输入"SUM（"，或单击常用工具栏中的自动求和按钮；再选择 Sheet2 表标签，在 Sheet2 中选择单元格区域 A1∶C5，最后在编辑栏中补上"）"，或直接按回车键，由系统自动加上"）"。

3. 引用其他工作簿的单元格

同样道理，也可以引用其他工作簿中单元格的数据或公式。例如，设当前工作簿是 Book1，要在工作表 Sheet1 的单元格 A1 中求工作簿文件 score. xls 中单元格区域 \$A\$1∶\$G\$5 的数据之和，设工作簿文件 score. xls 在 C 盘目录下。

方法一：移动单元格光标到 A1，输入公式"＝SUM（［C：score. xls］Sheet1'!\$A\$1∶\$G\$5）"，然后按回车键。

方法二：移动单元格光标到 A1，输入"＝SUM（"，或单击常用工具栏中的自动求和按钮；在菜单栏上选择【文件】|【打开】选项，打开 score. xls 工作簿；在 score. xls 工作簿 Sheet1 中选择单元格区域 \$A\$1∶\$G\$5；按回车键，关闭工作簿文件 score. xls。

在引用单元格数据过程中，如果在单元格中出现 ERR，可能发生以下错误。用零作除数、使用空白单元格作为除数、引用空白单元格、删除在公式中使用的单元格或包括显示计算结果的单元格引用，这时应针对问题对引用进行调整，保证公式的正常计算。

4. 引用名称

若单元格或单元格区域已经命名，则在引用时可以直接引用其名称。

5. 循环引用

当一个公式直接或间接地引用了该公式所在的单元格时，产生循环引用。当计算循环引用的公式时，Excel 需要使用前一次迭代的结果计算循环引用中的每一个单元格。迭代是指重复计算，直到满足特定的数值条件。如果不改变迭代的默认设置，Excel 将在 100 次迭代后或两次相邻的迭代得到的数值相差小于 0.001 时停止迭代运算。迭代设置可以根据需要改变。

改变默认迭代设置的方法。

（1）在菜单栏上选择【工具】|【选项】，弹出【选项】对话框。

（2）在【重新计算】选项卡中单击【反复操作】复选框，根据需要在【最多迭代次数】和【最大误差】文本框中输入新的设置值。

（3）单击【确定】按钮。

4.5.3 Excel 中的函数

函数是 Excel 内部已经定义的公式，对指定的值区域执行运算。Excel 提供的函数包括数学与三角、时间与日期、财务、统计、查找和引用、数据库、文本、逻辑、信息和工程等，为数据运算和分析带来极大的方便。

在例 4-1 中，计算学生总分可用函数"= SUM（C3：E3）"，不必输入公式"= C3 + D3 + E3"；计算平均分可用函数"= AVERAGE（C3：E3）"，不必输入公式"= F3/3"。

1. 函数的语法

函数由函数名和参数组成。函数名通常以大写字母出现，用以描述函数的功能。参数是数字、单元格引用、工作表名字或函数计算所需要的其他信息。例如，函数 SUM（C3：E3）是一个求和函数，SUM 是函数名，C3：E3 是函数的参数。

函数的语法规定如下。

（1）函数必须在公式中使用，即必须以"="开头，例如，= SUM（C3：E3）。

（2）函数的参数用圆括号"（）"括起来。其中，左括号必须紧跟在函数名后，否则出现错误信息。个别函数如 PI 等虽然没有参数，但必须在函数名之后加上空括号。例如，= A1*PI（）。

（3）函数的参数多于一个时，要用","号分隔。参数可以是数值、有数值的单元格或单元格区域，也可以是一个表达式。例如，= AVERAGE（MAX（A1：D6），2*SUM（B5，2*PI（）），C3：D6）。

（4）文本函数的参数可以是文本，该文本要用半角的双引号括起来。例如，= LEN（"ABCD"）。

（5）函数的参数可以是已定义的单元格名或单元格区域名。例如，若将单元格区域 C3：E15 命名为学生成绩，则"公式 = SUM（学生成绩）"是计算单元格区域 C3：E15 中的数值之和。

（6）函数中可以使用数组参数，数组可以由数值、文本和逻辑值组成。

（7）可以混合使用区域名、单元格引用和数值作为函数的参数。

2. 函数的参数类型

（1）数字，如 15，−2，123.45 等。

（2）文本，如"a"、"Word"、"Excel"等。若在文本中使用双引号，则在每个双引号处用两个双引号，如（""ABCD""）。

（3）逻辑值，如 TRUE、FALSE 或者计算时产生逻辑值的语句，例如 C3 ＜60。

（4）引用，如 A1，C3：E15。

3．函数的输入方法

（1）插入函数

① 选定要输入函数的单元格。

② 在菜单栏上选择【插入】|【函数】选项，弹出【插入函数】对话框（如图4-27所示）。在【选择类别】下拉列表中可以选择函数的类别，在【选择函数】列表中是当前类别的全部函数，用鼠标单击需要的函数，会在函数列表下方显示函数名、函数参数、函数功能等信息，辅助用户使用函数。

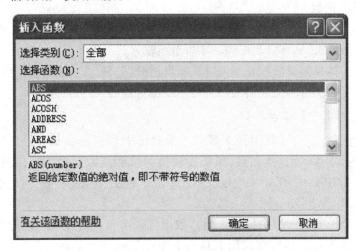

图 4-27　【插入函数】对话框

③ 在【函数分类】列表框中选择函数类型，如"常用函数"。

④ 从【函数名】列表框中选择要输入的函数，单击【确定】按钮，弹出【函数参数】对话框，如图4-28所示。

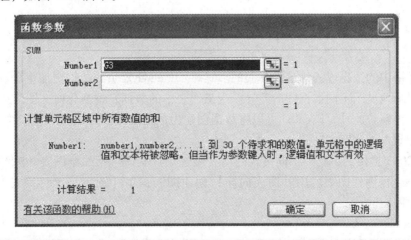

图 4-28　【函数参数】对话框

⑤ 在参数框中输入数据或单元格引用。可单击参数框右侧的【折叠对话框】按钮，暂时折叠起对话框，在工作表中选择单元格区域后，单击折叠后的输入框右侧按钮，即可恢复参数输入对话框。

⑥ 输入函数的参数后，单击【确定】按钮，在选定的单元格中插入函数并显示结果。

（2）使用公式选项板

插入函数还可以用公式选项板输入函数。在单元格或编辑栏中输入" = "，表示开始输入公式，这时名称框变为公式选项板，显示最近使用过的常用函数。用户可直接在下拉列表中选择需要的函数使用。例如，在学生成绩表中用函数求平均分，首先选定单元格 G3，输入" = "。单击公式选项板右侧的▼按钮，在下拉函数名列表中选择 AVERAGE 函数，输入该函数的参数即可。

（3）直接输入函数

选定单元格，直接输入函数，按回车键得出函数结果。但如果输入格式出现错误，Excel 会提示进行修改，只有修改正确，才可退出输入。

函数输入后，如果需要修改，则可以在编辑栏中直接修改，也可以用【粘贴函数】按钮或编辑栏的 = 号按钮进入参数输入框进行修改。

4. 使用【自动求和】工具按钮

求和是常用函数之一，【常用】工具栏上的自动求和按钮 Σ 可以快速输入求和函数。【自动求和】按钮可将单元格中的累加公式转换为求和函数。例如，在某单元格中输入"公式 = A1 + B1 + C1 + D1 + E1"，选定该单元格后，在工具栏上单击 Σ 按钮，可将该公式转换为函数 = SUM（A1：E1）。

如果要对一个单元格区域中各行（列）数据分别求和，则可先选定该区域及其右侧一列（下方一行）单元格，然后在常用工具栏上单击 Σ 按钮，各行（列）数据之和分别显示在右侧一列（下方一行）单元格中。

例如，在学生成绩表中求全体学生 C 语言的总分，操作步骤如下。

（1）选定单元格区域 C3：C9；

（2）单击 Σ 按钮，求和函数显示在 C10 单元格中。

4.6　图　表

将单元格中的数据以各种统计图表的形式显示，可使繁杂的数据更加生动、易懂，可以直观、清晰地显示不同数据间的差异。当工作表中的数据发生变化时，图表中对应项的数据也自动更新。此外，Excel 还可以将数据创建为数据地图，可以插入或描绘各种图形，使工作表中数据、文字图文并茂。

Excel 2003 提供约 100 种不同格式的图表供选用，其中包括二维图表和三维图表。可以通过两个途径创建图表。用【图表向导】创建图表；用【图表】工具栏或直接按 F11 键快速创建图表。

4.6.1　创建图表

1. 创建图表的基本操作

（1）选择用来生成图表的数据区域，例如毕业分配表中的 A2∶I7，如果图表中要包含这些数据的标题，则应将标题包含在所选区域内。

（2）在【常用】工具栏上单击【图表向导】按钮，或在菜单栏上选择【插入】|【图表】选项，弹出【图表向导-4 步骤之 1-图表类型】对话框，如图 4-29 所示。

图 4-29　图表向导 1

（3）选择图表类型，例如选择簇形柱形图，单击【下一步】按钮，弹出【图表向导-4 步骤之 2-图表源数据】对话框，如图 4-30 所示。

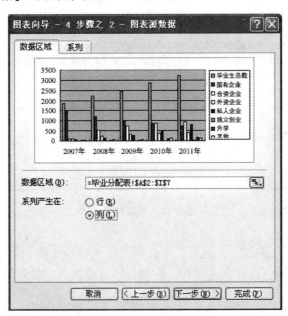

图 4-30　图表向导 2

其中，【数据区域】选项卡用于修改创建图表的数据区域，可在【数据区域】框内输入正确的区域，选择【行】或【列】单选项可指定数据系列是产生在行还是列。本例数据系列产生在列，数据系列是 2007 年、2008 年、2009 年、2010 年和 2011 年。【系列】选项卡用于修改数据系列的名称和分类轴标志，若在数据区域中不选中文字，默认的数据系列名称为系列 1，系列 2……分类轴标志为 1，2…此外，用户也可以在【系列】选项卡中添加所需的名称和标志。

（4）选择数据区域，或默认已选定的区域（本例选择! A2：I7），单击【下一步】按钮，弹出【图表向导-4 步骤之 3】对话框，如图 4-31 所示。

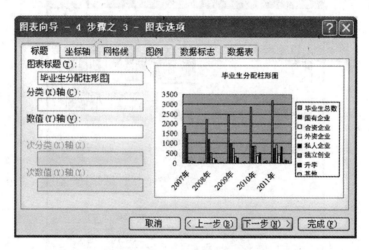

图 4-31　图表向导 3

（5）根据需要选择标题、坐标轴、网格线、图例、数据标志、数据表等选项卡进行相应的设置，本例在【标题】选项卡中输入图表标题【毕业生分配柱形图】。单击【下一步】按钮，弹出【图表向导-4 步骤之 4-图表位置】对话框，如图 4-32 所示。

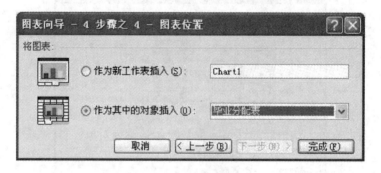

图 4-32　图表向导 4

（6）若选择【作为新工作表插入】单选项，则创建独立图表，若选择【作为其中的对象插入】单选项，则创建嵌入式图表。本例选择【作为其中的对象插入】。

（7）单击【完成】按钮，创建的图表如图 4-33 所示。

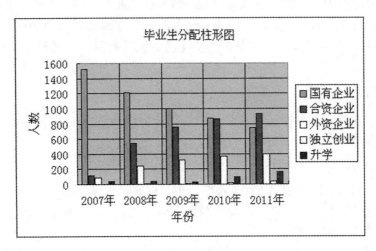

图 4-33　图表

2. 创建图表的其他方法

（1）用【图表】工具栏创建简单的图表

在菜单栏上选择【视图】|【工具栏】|【图表】选项，即可打开【图表】工具栏。在工作表中选定源数据单元格，在【图表】工具栏上单击【图表类型】按钮右边的向下箭头，弹出图表类型列表，从中选择所需要的图表类型，即可创建图表。

（2）一步创建独立图表

通过快捷键，可以用 Excel 默认的柱形图一步创建一个独立图表，操作步骤如下。

① 选择用于创建图表的数据。

② 按 F11 键，生成一个名为"Chart1"的独立图表。

4.6.2　图表中数据的编辑

图表编辑包括图表的移动、复制、缩放和删除，改变图表类型等。单击图表，菜单栏中的【数据】菜单自动改为【图表】菜单，【插入】、【格式】菜单的选项也自动做相应改变。

一个图表由多个图表项（即图表对象）组成。在 Excel 中，可以有 3 条途径显示图表对象。在【图表】工具栏上单击【图表对象】下拉按钮，列出图表中的所有对象；在图表中选中某个图表对象，编辑栏的【名字框】显示该图表对象；当鼠标指针停留在某个图表对象上时，鼠标指针下面将显示该图表对象名。

1. 嵌入式图表的移动、复制、缩放和删除

单击图表区中的任何位置，图表边框出现 8 个黑色的小方块，可将图表拖动到新的位置；若在拖动图表时按下 Ctrl 键，可复制图表；拖动图表边框的黑色小方块可对图表进行缩放；按 Del 键可删除该图表。

2. 独立图表的缩放、复制和删除

在【常用】工具栏的【显示比例】列表框中输入或选择新的比例，可实现独立图表

的缩放。独立图表的复制方法同嵌入式图表，但不必先选中。在菜单栏上选择【编辑】|【删除工作表】选项，即可删除独立图表。也可以通过【编辑】菜单中的【剪切】、【复制】和【粘贴】选项或【常用】工具栏上的【剪切】、【复制】和【粘贴】按钮对图表进行移动和复制。

3. 改变图表的类型

选中图表，菜单栏上增加【图表】菜单。在菜单栏上选择【图表】|【图表类型】选项，弹出【图表类型】对话框，从中选择图表类型。

4. 图表中数据和文字的编辑

根据需要，可以在图表中增加说明文字，也可以删除或修改图表的文字。

（1）删除数据系列。选定需要删除的数据系列，按 Del 键，可将整个数据系列从图表中删除，但不影响工作表中的数据。

（2）添加数据系列。选定图表，在菜单栏上选择【图表】|【源数据】选项，弹出【源数据】对话框。在【系列】选项卡中单击【添加】按钮，在【名称】文本框中输入字段名，单击【值】文本框右边的数据范围按钮，在工作表中选择要添加的数据系列，单击【返回】按钮，返回到【系列】选项卡。单击【确定】按钮，选定的数据系列被添加到图表中。

（3）改变数据系列产生方式。选定图表，在【图表】工具栏上单击【按行】或【按列】按钮，可改变数据系列的产生方式。

（4）修改和删除文字。单击要修改的文字，直接修改；选中文字，按 Del 键删除。

（5）设置图表选项。

设置图表选项的方法。选中图表，在菜单栏上选择【图表】|【图表选项】选项，在【图表选项】对话框（如图4-34所示）相应选项卡中对图表进行设置，然后单击【确定】按钮。

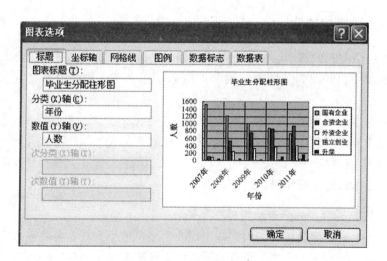

图 4-34 【图表选项】对话框

4.6.3　图表修饰

　　图表修饰是对图表的各对象进行格式设置，包括文字和数值的格式、颜色、外观等。具体方法为，选中图表，在菜单栏上选择【编辑】|【图表区】选项；或在快捷菜单中选择【图表区格式】选项；或双击图表对象，弹出相应的格式设置对话框。若双击图表区，则弹出【图表区格式】对话框，可以为整个图表区域设置图案（如边框、区域的颜色和边框线样式等）、字体（如字体、字形、字号、颜色等）、属性（如对象位置、打印对象等）。若双击数值轴或分类轴，弹出【坐标轴格式】对话框，可对坐标轴的图案、刻度、字体、数字和对齐方式进行设置。若双击图例，弹出【图例格式】对话框，可对图例的图案、字体和位置进行设置。

4.7　数 据 管 理

　　Excel 2003 不仅具有电子表格制作和数据计算处理的能力，还具有很多实用的数据表管理功能，可以采用记录单查看、编辑、查询工作表中的数据，也可以对数据进行排序、筛选和分类汇总等操作。

4.7.1　数据记录单的应用

　　可以把 Excel 的工作表看做是一个数据表，其中每一行构成数据表的一个记录，存放一组相关的数据，例如，学生成绩表中的张三同学的学号、姓名、成绩等信息；每一列为数据表的一个字段，其中第一行的单元格为字段名，例如，学号、姓名等。建立一个新的工作表（工作表标签可起名为"学生成绩表"）后，既可以直接在工作表输入数据，也可以通过【数据】菜单上的【记录单】命令对每一条记录进行录入、修改、删除和检索。

　　1. 使用记录单输入数据

　　把单元格光标移动到任意一条记录，在菜单栏上选择【数据】|【学生成绩表】的记录单选项，弹出【学生成绩表】的记录单对话框并显示当前单元格所在的行记录，如图 4-35 所示。

　　该对话框最左列显示记录的字段名，其后显示各字段内容，右上角显示总记录数（分母）和当前记录号（分子）。

　　单击【新建】按钮，将在对话框中显示一个空记录，在此记录单中输入新记录的值。如果要继续输入，按 Enter 键或单击【新建】按钮。

　　2. 使用记录单修改或删除数据

图 4-35　【学生成绩表】的记录单对话框

　　选择数据表中需要修改或删除的记录，在菜单栏上选择【数据】|【学生成绩表】的记录单选项，弹出【学生成绩表】的记录单对话框，在对话框中修改记录字段的值，或单击【删除】按钮删除整个记录。

学生成绩表

学号：
姓名：
C语言：　　>=60
数据结构：
英语：
总分：
名次：

Criteria

新建(W)
清除(C)
还原(R)
上一条(P)
下一条(N)
表单(F)
关闭(L)

图4-36 【条件记录】对话框

3. 使用记录单检索数据

在【学生成绩表】的记录单对话框中，单击【条件】按钮，进入如图 4-36 所示的【条件记录】对话框，在相应的文本框中输入条件，例如，要查找 C 语言成绩及格的记录，需要在【C 语言】对应的文本框中输入"＞＝60"。单击【上一条】按钮或【下一条】按钮即可显示符合条件的记录。

4.7.2 数据排序

排序是将某个数据按从小到大或从大到小的顺序进行排列。其中，从小到大称为升序，从大到小称为降序。如果只要求按单列数据排序，先选择要排序的字段列，再在【常用】工具栏上单击【升序】或【降序】按钮，即可按选定字段列进行排序。若排序不局限于单列，可以在菜单栏上选择【数据】|【排序】选项进行排序。

如果单元格中数据类型不同，通常按照以下顺序进行递增排序。数字→文字（包括含数字的文字）→逻辑值→错误值；递减排序的顺序与递增顺序相反。无论是递增或递减排序，空白单元格总是排在最后。

【例4-2】 对学生成绩表中的记录按照"数据结构"降序、"学号"升序的条件排序。

本例中有两个关键字分别为"数据结构"和"学号"字段，其中第一个为主要关键字，即先按"数据结构"排序，如有值相同的若干记录，再按次要关键字"学号"进行排序，具体操作如下。

（1）选择成绩单数据表中的任一单元格。

（2）在菜单栏上选择【数据】|【排序】选项，弹出【排序】对话框，如图 4-37 所示。系统自动检查工作表中的数据，决定排序数据表的范围，并判定数据表中是否包含不应排序的表标题，如表标题"学生成绩表"等。

（3）在【排序】对话框中指定排序的主要关键字和次要关键字、递增或递减排序选项，本例在【主要关键字】下拉列表框中选择 D 列（数据结构），单击【降序】按钮，在【次要关键字】下拉列表框中选择 A 列（学号），单击【升序】按钮。

（4）选择排序区域。若选择【有标题行】选项，排序不包括第一行；若选择【没有标题行】选项，排序包括第一行。

排序

主要关键字
数据结构　　　　○升序(A)
　　　　　　　　●降序(D)
次要关键字
学号　　　　　　○升序(C)
　　　　　　　　●降序(N)
第三关键字
　　　　　　　　○升序(I)
　　　　　　　　○降序(G)
我的数据区域
●有标题行(R)　　○无标题行(W)

选项(O)...　　确定　　取消

图4-37 【排序】对话框

（5）单击【确认】按钮，即可在屏幕上看到排序结果。

在【排序】对话框中单击【选项】按钮，将弹出【选项】对话框，可以进一步进行自定义排序顺序、区分大小写、排序方向、排序方法等设置。

4.7.3　数据筛选

Excel 的数据筛选功能是将符合条件的数据显示出来，不符合条件的记录暂时隐藏起来。应用筛选功能，可使用户在不删除记录的前提下，方便快捷地找到需要的数据。Excel 的筛选分为两种，分别为自动筛选和高级筛选。

1. 自动筛选

（1）将单元格光标移动到表头行（第 2 行）的任意位置，在菜单栏上选择【数据】|【筛选】|【自动筛选】选项，系统自动在每列表头（字段名）上显示筛选箭头，如图 4-38 所示。

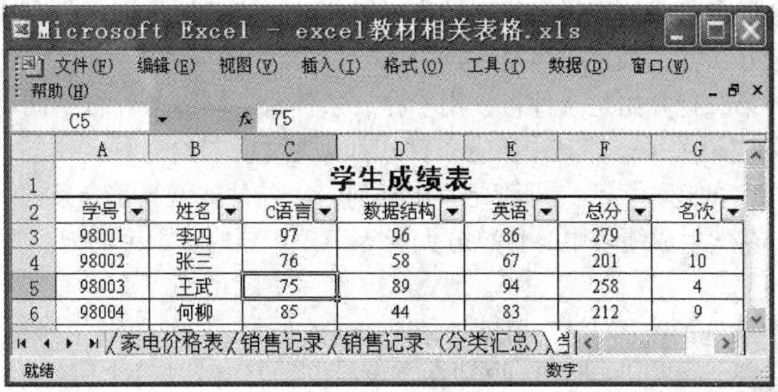

图 4-38　自动筛选

（2）单击表头"C 语言"列右边的筛选箭头，打开下拉式列表。列表中有升序排列、降序排列、全部、自定义、97、76 等分数选项，本例选择 97。此时，C 语言成绩为 97 的记录自动被筛选出来。其中，含筛选条件的列旁边的筛选箭头变为蓝色。

（3）单击表头"总分"列右边的筛选箭头，打开下拉式列表，并在该列表中选择【自定义】选项，打开【自定义自动筛选方式】对话框，如图 4-39 所示。

图 4-39　【自定义自动筛选方式】对话框

（4）在【总分】框内单击左列表框的向下箭头，从列表中选择【大于或等于】，在右边的筛选条件框中输入"245"；或单击筛选条件框（右列表框）右边的向下箭头，从列表中选择一个记录值。

有两个筛选条件时，可选择【与】或【或】选项。其中，【与】表示只有两个条件均成立，才筛选；【或】表示只要有一个条件成立，就可筛选，系统默认选【与】。

（5）单击【确认】按钮，满足指定条件的记录自动被筛选出来。

如果要取消自动筛选功能，恢复显示所有的数据，可在菜单栏上再次选择【数据】|【筛

选】|【自动筛选】选项，使该选项前面的【√】号消失。筛选的结果可以直接打印出来。

2. 高级筛选

在菜单栏上选择【数据】|【筛选】|【高级筛选】选项，可以将符合条件的数据复制（抽取）到另一个工作表或当前工作表的其他空白位置上。

在进行高级筛选时，必须在工作表中建立一个条件区域，输入各条件的字段名和条件值。条件区域由一个字段名行和若干条件行组成，可以放置在工作表的任何空白位置，一般放在数据表范围的正上方或正下方，以防止条件区域的内容受到数据表插入或删除记录行的影响。

条件区域字段名行中的字段名排列顺序可以与数据表区域不同，但对应字段名必须完全一样，因而最好从数据表字段名复制过来。

条件区域的第二行开始是条件行，用于存放条件式，同一条件行不同单元格中的条件式互为"与"的逻辑关系，即其中所有条件式都满足才算符合条件；不同条件行单元格中的条件互为"或"的逻辑关系，即满足其中任何一个条件式就算符合条件。

【例4-3】 在学生成绩表中，将总分大于等于210分的女学生的记录筛选出来。

操作步骤如下。

（1）选择要筛选的范围，A2：H15。

图4-40 【高级筛选】对话框

（2）在菜单栏上选择【数据】|【筛选】|【高级筛选】选项，弹出【高级筛选】对话框，如图4-40所示。

（3）在【高级筛选】对话框中选择【将筛选结果复制到其他位置】单选项。

（4）在【列表区域】框中指定要筛选的数据区域，A2：H15。

（5）指定【条件区域】。C17：D18，并在条件区域中输入以下条件 C17：性别；C18：女；D17：总分；D18：>=210。

（6）在【复制到】框内指定复制筛选结果的目标区域：A20。

（7）若选择【选择不重复的记录】复选框，则显示符合条件的筛选结果时，不包含重复的行。

（8）单击【确认】按钮，筛选结果复制到指定的目标区域，如图4-41所示。

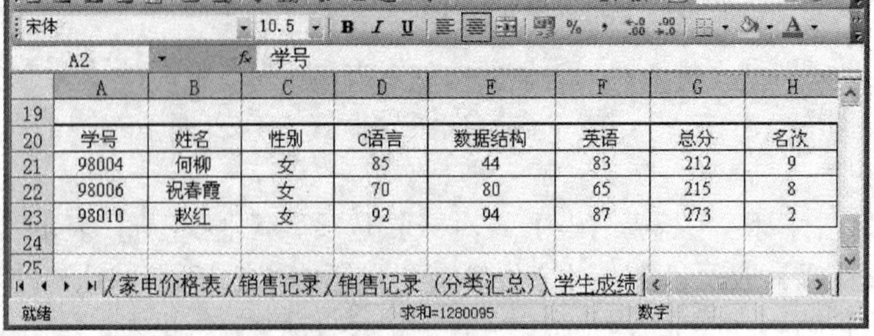

图4-41 高级筛选

4.7.4　数据分类汇总

分类汇总是指对数据表中的记录按某一关键字分别进行计算或分析，是一种常用的数据处理方法。分类汇总建立在已排序的基础上，将相同类别的数据进行统计汇总。Excel 可以对工作表中选定列进行分类汇总，并将分类汇总结果插入相应类别数据行的最上端或最下端。分类汇总并不局限于求和，也可以进行计数、求平均值等其他运算。

【例 4-4】　在学生成绩表中，按性别对各科成绩的平均分进行分类汇总。

（1）选择要进行分类汇总的单元格区域。

在进行分类汇总前，可以先指定或建立一列分类字段，然后进行排序。系统自动将字段值相同的记录分为一类。本例中首先按【性别】字段降序排列。

（2）在菜单栏上选择【数据】|【分类汇总】选项，弹出【分类汇总】对话框，如图 4-42 所示。

（3）在【分类汇总】对话框中进行选择。

① 在【分类字段】列表框中选择【性别】。

② 在【汇总方式】列表框中选择平均值。

③ 在【选定汇总项】列表框中指定【C 语言】、【数据结构】和【英语】。

④ 选中【替换现有分类汇总】复选框，新的分类汇总替换数据表中原有的分类汇总。

⑤ 选中【汇总结果在数据下方】复选框，将分类汇总结果和总计行插入数据之下。

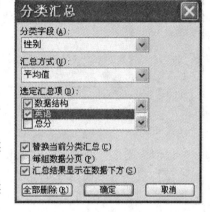

图 4-42　【分类汇总】对话框

若清除【汇总结果显示在数据下方】复选框，可将分类汇总结果行和总计行插入到明细数据之上。若单击【全部删除】按钮，则从现有的数据表中删除所有分类汇总。

（4）单击【确认】按钮，结果如图 4-43 所示。

进行分类汇总时，如果选择分类汇总的区域不明确，或只是指定一个单元格，没有指定区域，系统将无法知道按哪一列作为关键字段来汇总。这时，系统提问是否用当前单元格区域的第一列作为关键字。确认后，弹出【分类汇总】对话框，可以在对话框中指定进行分类汇总的关键字。

分类汇总后，在工作表的左端自动产生分级显示控制符。其中，1、2、3 为分级编号，+、－ 为分级分组标记。单击分级编号或分级分组标记，可选择分级显示。单击分级编号 1，将只显示第一级（总计）数据；单击分级编号 2，将显示包括第二级以上的汇总数据；单击分级编号 3，将显示第三级以上（全部）数据。单击分级分组标记 －，将隐藏本级或本组细节；单击分级分组标记 +，将显示本级或本组细节。

设置分级显示的方法。在菜单栏上选择【数据】|【组及分级显示】|【清除分级显示】选项，可清除分级显示区域；若选择【数据】|【组及分级显示】|【自动建立分级显示】选项，则显示分级显示区域。

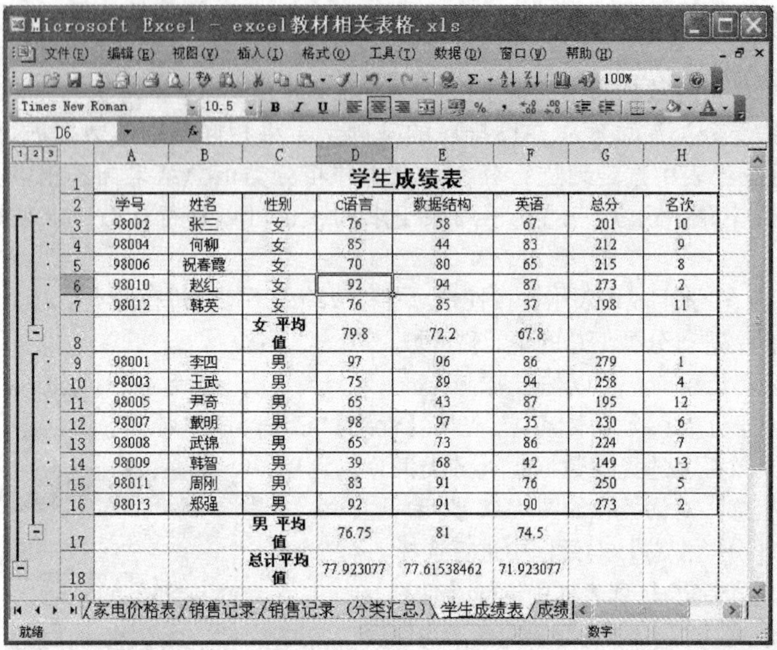

图 4-43　分类汇总结果

取消分类汇总的方法。在菜单栏上选择【数据】|【分类汇总】选项，在弹出的【分类汇总】对话框中选择【全部删除】按钮。

4.8　打 印 数 据

完成工作表的创建、编辑和格式化后，就可以对工作表进行打印了。与 Word 类似，为了保证打印效果，在打印之前，应先进行页面设置和打印预览。

4.8.1　页面设置

1. 设置打印区域

在默认状态下，Excel 2003 自动选择数据的最大行和最大列作为打印区域。如果用户只想打印工作表中的部分内容，则可以设置打印区域，具体操作步骤如下。

（1）选择要打印的单元格区域，单击【文件】|【打印区域】|【设置打印区域】命令。

（2）此时在工作表中所选定的区域出现虚线框，表示打印区域设置成功，之后再执行【打印】操作就是打印这部分工作表。

若想取消所设置的打印区域，则单击【文件】|【打印区域】|【取消打印区域】选项，又恢复到默认的打印范围。

2. 分页

当工作表中数据较多时，Excel 会自动将工作表分为若干页分别打印，用户也可以按需要对工作表进行分页，这时需要设置分页符，具体操作如下。

（1）插入分页符

选定新一页开始的单元格，在菜单栏上选择【插入】|【分页符】选项，可插入分页符。若要插入一个垂直分页符，即将工作表分为上、下两部分，则选定的单元格必须位于工作表的 A 列；若要插入一个水平分页符，即将工作表分为左、右两部分，则选定的单元格必须位于工作表的第一行；若在其他位置选定单元格，则插入一个水平分页符和一个垂直分页符，这时将工作表分为上、下、左、右四部分。

（2）删除分页符

选定垂直分页符下面第一行的任意单元格，在菜单栏上选择【插入】|【删除分页符】选项，可删除一个垂直分页符。选定水平分页符右边第一列的任意单元格，在菜单栏上选择【插入】|【删除分页符】选项，可删除一个水平分页符。

例如，要将学生成绩表在第 4 条记录之前分为上下两部分，需要在此记录之前插入一个垂直分页符，具体操作为：单击 A6 单元格，单击【插入】|【删除分页符】选项，效果如图 4-44 所示。

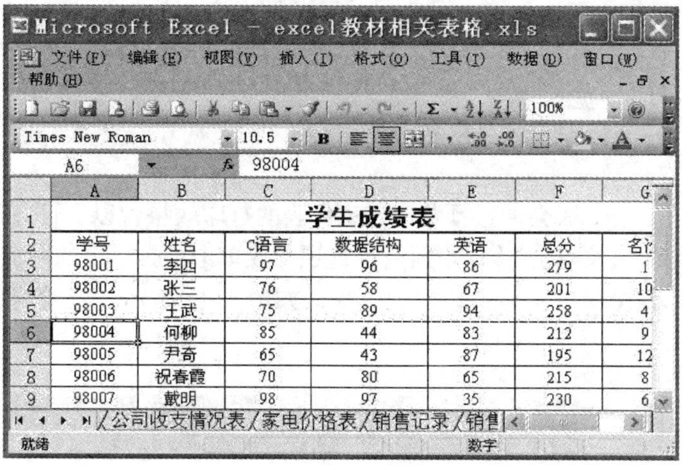

图 4-44　插入分页符

3. 设置页眉、页脚

在【页面设置】对话框可以对页面、页边距、页眉/页脚和工作表进行设置。页眉用于标明文档的名称和报表标题，页脚用于标明页号以及打印日期、时间等。页眉和页脚并不是实际工作表的一部分。页眉、页脚的设置应小于对应的边缘，否则页眉、页脚可能覆盖文档的内容。在设置时，可以直接从【页眉】和【页脚】下拉列表中选择，例如设置页脚为"第 1 页"，在打印时就会在页脚加上页码。

4. 设置标题行

当工作表记录较多需要打印多页时，表格的表头只会出现在第一页，若想每页第一行都显示表格的表头，需要设置顶端标题行。具体操作如下。

（1）单击【文件】|【页面设置】选项，打开【页面设置】对话框。

（2）单击【工作表】选项卡，单击其中【顶端标题行】后面的文本框。

（3）单击工作表中的表头。这时表头所在行的坐标会出现在文本框中，如图 4-45 所示，单击【确定】按钮。

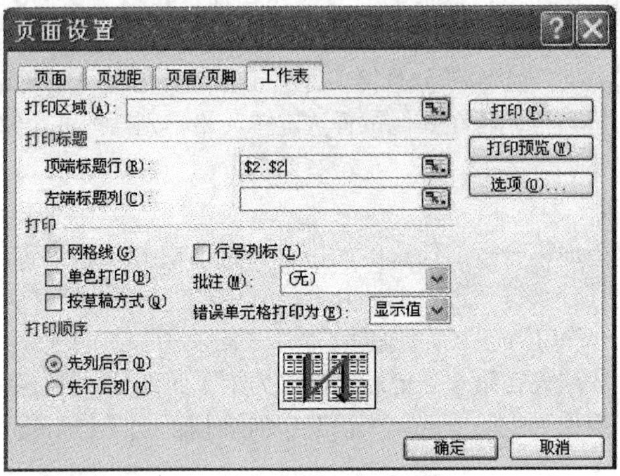

图 4-45　设置标题行

4. 8. 2　打印和打印预览

1. 打印预览

在打印工作表之前一般会通过预览检查工作表的打印效果，以保证打印的正确性。具体操作步骤是：单击【文件】|【打印预览】选项，或单击工具栏上的【打印预览】按钮，在屏幕上出现打印预览窗口，显示打印的效果，如图 4-46 所示。若要退出预览窗口，则单击【关闭】按钮。

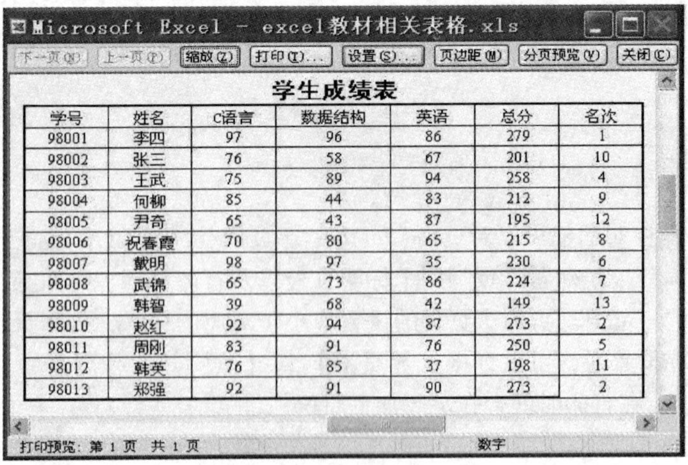

学生成绩表

学号	姓名	C语言	数据结构	英语	总分	名次
98001	李四	97	96	86	279	1
98002	张三	76	58	67	201	10
98003	王武	75	89	94	258	4
98004	何柳	85	44	83	212	9
98005	尹奇	65	43	87	195	12
98006	祝春霞	70	80	65	215	8
98007	戴明	98	97	35	230	6
98008	武锦	65	73	86	224	7
98009	韩智	39	68	42	149	13
98010	赵红	92	94	87	273	2
98011	周刚	83	91	76	250	5
98012	韩英	76	85	37	198	11
98013	郑强	92	91	90	273	2

图 4-46　打印预览

2. 打印工作表

在做好上述设置后，就可以打印工作表或打印区域。在菜单栏上选择【文件】|【打

印】选项，弹出【打印】对话框，如图 4-47 所示。其中，可以进行打印机设置、页面设置和打印预览、选择打印范围和打印份数。单击【确定】按钮开始打印。

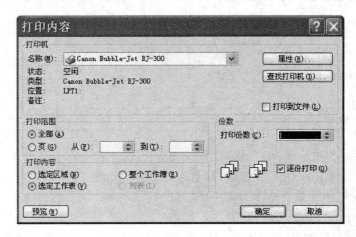

图 4-47　【打印】对话框

习　　题

一、建立一个工作簿，并做如下操作

1. 在 Sheet1 工作表中输入如下内容。

在 A1 单元格中输入"中华人民共和国"；

以数字字符的形式在 B1 单元格中输入"88888888"；

在 A2 单元格中输入"12345678912345"；

在 A3 单元格中输入"2001 年 12 月 12 日"；

再向 A3 单元格中输入"32"；

用智能填充数据的方法向 A4 至 G4 单元格中输入"星期日，星期一，星期二，星期三，星期四，星期五，星期六"

先定义填充序列：车间一，车间二，车间三，……，车间七，向 A5 至 G5 单元格中输入"车间一，车间二，车间三，……，车间七"；

利用智能填充数据的方法向 A6 至 F6 单元格中输入等比系列数据：6，24，96，384，1536。

2. 将新建立的工作簿以文件名"操作 1"保存在用户文件夹下。

3. 将"Sheet1"工作表更名为"操作 1"。

4. 将 A1 单元格中内容复制到 H1 单元格中。

5. 将 A1 和 B1 单元格中内容移动到 A21 和 B21 单元格中。

6. 在第 4 行之前插入一空行。

二、创建一新工作簿，并做如下操作

1. 在"Sheet1"表中编制如表 4-1 所示的洗衣机销售统计表。

表 4-1 洗衣机销售统计表

山姆超市第 3 季度洗衣机销售统计表

2001 年 10 月 9 日

品 牌	单 价	七 月	八 月	九 月	销售小计	平均销量	销售额
小天鹅	1500	58	86	63			
爱妻	1400	64	45	47			
威力	1450	97	70	46			
乐声	1350	76	43	73			

2. 将该表的名称由"Sheet1"更为"洗衣机销售统计表"。

3. 在该工作簿中插入一新工作表，取名为"销售统计表"。

4. 将【洗衣机销售统计表】中的内容复制到"Sheet2"、"Sheet3"、"销售统计表"中。

5. 在"洗衣机销售统计表"中，运用输入公式方法，求出各种品牌洗衣机的销售量小计、月平均销售量和销售额。

6. 在"Sheet2"工作表中，先利用公式的输入方法，求出"小天鹅"的销售量小计、月平均销售量和销售额小计；再利用复制公式的方法，求出其余各品牌的销售量小计、月平均销售量和销售额。

7. 在"Sheet3"工作表中，利用自动求和按钮，求出各品牌的销售量小计。

8. 在"洗衣机销售统计表"中，运用输入函数的方法，求出各种品牌洗衣机的销售量小计、月平均销售量。

下列操作均在"洗衣机销售统计表"中进行。

9. 在"洗衣机销售统计表"中的"乐声"行上面插入一空行，在该空行的品牌、单价、七月、八月、九月的各栏中分别填入：水仙、1375、56、78、34；最后利用复制公式的方法，求出该品牌的销售量小计、月平均销售量和销售额。

10. 在"洗衣机销售统计表"中的"销售额"前插入一空列，并在该列的品牌行填入"平均销售额"；最后利用输入公式和复制公式的方法，求出各品牌的月平均销售额。

11. 在"洗衣机销售统计表"中的下一空行最左边的单元格内填入"合计"，利用自动求和按钮，求出各种品牌洗衣机的七、八、九月销售量合计和销售额合计。

12. 使"山姆超市第 3 季度洗衣机销售统计表"标题居中。

13. "品牌"列和第 1 行的字符居中，其余各列中的数字右对齐。

14. 将第 3 行的行高设置为 16。

15. 将第 1 列的列宽设置为 10。

16. 将表中七月份列中的数字的格式改为带 2 位小数。

17. 将"洗衣机销售统计表"增添表格线，内网格线为最细的实线，外框线为最粗实线。

18. 将第 3 行的所有字符的字体设置为楷体、加粗，字号为 12，颜色设置为红色，填充背景色为青绿色。

19. 各品牌的名称的字体设置为仿宋体、加粗，字号为 11，颜色设置为绿色，填充背景色为青淡黄色。

20. 利用格式刷将该表的格式复制到以 A12 单元格为开始的区域上。

三、创建一个名为【电器价格一览表】的电子表格，输入表 4-2 中的数据

表 4-2　电器价格一览表　　　　　　　单位：元

项目名	韩　国	中国台湾	中国香港	泰　国	新加坡	平均价
彩电	1 800	165	670	970	670	
录像机	1 350	90	700	800	390	
收录机	282	28	460	50	270	
随身听	160	460	3 700	200	300	
合计						

在表 4-2 的基础上做如下操作。

1. 标题格式。宋体、20 号字、字符颜色为蓝色。
2. 将标题跨列居中（A18∶G18）。
3. 运用内部函数，在"平均价"栏中求出每种电器的平均价。
4. 运用内部函数，在合计栏中求出各地四种电器价格总和。
5. 将表格单元格区域（A20∶G25）设置列宽为 12、行高为 18。
6. 将表格内金额前加上人民币符号（B21∶G25）；小数点后保留 0 位。
7. 将表格内奇数行（21，23，25）设置为蓝色底、白色字符。
8. 将表格内的汉字左对齐，数字右对齐排列。
9. 将表格线改为田字格表格框，内线、外框为细线。
10. 将本工作表更名为"价格表"。
11. 将表格按中国台湾的项目价格递增排列（A20∶G24）。
12. 将 19 行隐藏。
13. 将表格显示比例设为 72%。
14. 在 28 行后插入该表的簇状柱形图。
15. 设 Y 轴标题为"价格"。

四、创建一个名为【成绩单】的电子表格，输入表 4-3 中的数据

表 4-3　成绩单

姓　名	测验 1	测验 2	测验 3	测验 4	个人总成绩
沈一丹	87.00	76.00	79.00	90.00	
刘力国	92.00	76.00	94.00	95.00	
王红梅	96.00	78.00	90.00	87.00	
张灵芳	84.00	88.00	87.00	88.00	
杨　帆	76.00	68.00	55.00	85.00	
贾　铭	60.00	74.00	73.00	80.00	
高浩飞	57.00	81.00	86.00	64.00	
吴朔源	88.00	75.00	89.00	92.00	
平均分					

在这个表格基础上做如下操作。

1. 标题格式：宋体、18 号字、将标题跨列居中（A15∶F15）。
2. 将"贾铭"这一行移动到"沈一丹"上面一行。

3. 运用内部函数，在"平均分"栏中求出每科测验的平均分（B25：E25）。

4. 运用内部函数，求出每个人的"个人总成绩"（F17：F25）。

5. 将表格内成绩前的人民币符号表示法还原为纯数字表示法（不含千位分隔符，小数点后两位）。

6. 将表格内"测验1"（B17：B25）、"测验3"（D17：D25）两列以黑底白字表示。

7. 将表格内的汉字左对齐、分数右对齐排列。

8. 将表格加上双线外框。

9. 将表格（A17：F25）行、列设置为行高18、列宽10。

10. 将本工作表更名为"成绩表"。

11. 在26行后插入该表折线图。

12. 设X轴标题为"姓名"。

五、创建一个名为"北京地区手机销售表"的电子表格，输入表4-4中的数据

表4-4　北京地区手机销售表　　　　　　　　　　　单位：元

品　牌	产　地	规　格	价格/元	一季度销量/元	销售额
摩托罗拉	美国	中文三频	1 200	220	
爱立信	瑞典	中文双频	2 000	120	
诺基亚	芬兰	中文三频	900	180	
阿尔卡特	法国	中文双频	1 100	80	

在表4-4的基础上做如下操作。

1. 标题格式：楷体、20号字、加粗、字符颜色为黄色。

2. 用内部函数计算出销售额。

3. 将（A17：F21）的行高改为20，列宽改为10。

4. 将表格按照"一季度销量"递减排序。

5. 将表格内价格前面加上人民币符号。

6. 将第二行单元格隐藏。

7. 将（A17：F21）表格外框设为粗线。

8. 将标题跨列居中（A16：F16）。

9. 将表格内奇数行（17，19，21）设置为蓝色底、白色字符。

10. 将本工作表更名为"销售表"。

11. 在23行后插入该表"折线图"。

12. 设图表标题为"销售"。

六、创建一个名为"教师工作量表"的电子表格，输入表4-5中的数据

表4-5　教师工作量

编　号	职　称	工作量/小时	标准（元）/工作量	人　数	总　计
1	教授	110	30	8	
2	副教授	120	26	15	
3	讲师	150	24	20	
4	助教	180	20	30	
合计					

在表 4-5 的基础上做如下操作。

1. 标题格式：楷体、20 号字、字符颜色为黄色。

2. 将标题跨列居中（A15：F15）。

3. 运用内部函数计算出总金额。

4. 将第一行（标题）的行高改为 30。

5. 将表格内标准（元）/工作量栏数值前加上人民币符号。

6. 将第二行单元格隐藏。

7. 将表格内框设为粗线。

8. 将显示比列设为 75%。

9. 将表格列宽设为 10。

10. 将本工作表更名为"支出表"。

11. 在 24 行后插入该表的折线图。

12. 设图表标题为"教师工作量"。

第5章 PowerPoint 2003 基础与使用

考核要点

1. 中文 PowerPoint 2003 的功能、运行环境、启动和退出。
2. 演示文稿的创建、打开和保存。
3. 演示文稿视图的使用，幻灯片的文字编排、图片和艺术字插入及模板的选用。
4. 幻灯片手稿的删除，多媒体对象的插入，幻灯片格式的设置，幻灯片放映效果的设置。

5.1 PowerPoint 2003 软件介绍

5.1.1 PowerPoint 2003 工作界面

启动 PowerPoint 2003 与启动 Office 2003 其他组件的方法一样，双击桌面的 PowerPoint 2003 快捷方式图标![icon]或者是选择开始菜单→程序→Microsoft Office→Microsoft Office PowerPoint 2003（如图 5-1 所示）菜单命令，即可启动 PowerPoint 2003。

图 5-1 启动 PowerPoint 2003

启动 PowerPoint 2003 后，将进入 PowerPoint 2003 的工作界面。PowerPoint 2003 的工作界面是由标题栏、菜单栏、工具栏、任务窗口、编辑区和状态栏组成，同时 PowerPoint

2003 还具有【幻灯片编辑】窗口、【备注】窗口、【大纲/幻灯片】窗口和【视图切换】
按钮，如图 5-2 所示。

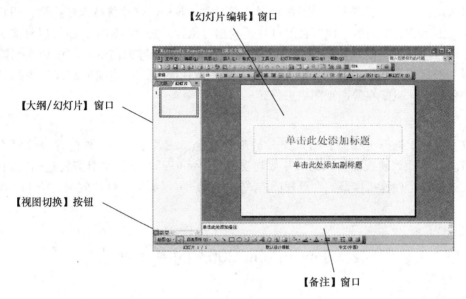

图 5-2　PowerPoint 2003 **工作界面**

【幻灯片编辑】窗口位于 PowerPoint 2003 工作界面的中间，用于显示和编辑幻灯片，
所有幻灯片都是在该窗口中完成的。

【备注】窗口位于【幻灯片编辑】窗口的下方，用于添加演示文稿的说明与注释，
【备注】窗口的宽度是可以调整的。

【大纲/幻灯片】窗口位于 PowerPoint 2003 工作界面的左侧，用于显示演示文稿的幻
灯片数量和位置。

【视图切换】按钮位于【大纲/幻灯片】窗口下方，用于演示文稿不同视图之间的
切换。

5.1.2　演示文稿的视图模式

PowerPoint 2003 演示文稿的视图模式有三种，分别为普通视图模式、幻灯片浏览模式
和幻灯片放映模式，这三种模式可以通过菜单栏的【视图】命令或者是【视图切换】按
钮来进行切换。

1. 普通视图模式

在菜单栏上选择【视图】|【普通】命令，或者是单击【普通视图】按钮，进入普通
视图方式中。普通视图是最重要的编辑视图，可用于撰写或设计演示文稿。在该视图方式
下有【大纲】和【幻灯片】两种形式，可在大纲编辑区中选择相应的选项卡来切换。在
该视图中，可以看到整张幻灯片。如果要显示其他幻灯片，可以直接拖动垂直滚动条上的
滚动块，系统会提示切换的幻灯片编号和标题。当已经指到所需要的幻灯片时，松开鼠标
左键，即可切换到该幻灯片中。

2. 幻灯片浏览视图

在菜单栏上选择【视图】|【幻灯片浏览】命令，或者是单击【幻灯片浏览视图】按钮，进入幻灯片浏览视图中。在幻灯片浏览视图中，各个幻灯片将按次序排列，用户可以看到整个演示文稿的内容，浏览各幻灯片及其相对位置。在该视图中，也可以对演示文稿进行编辑，包括改变幻灯片的背景设计和配色方案、重新排列幻灯片、添加或删除幻灯片、复制幻灯片及制作现有幻灯片的副本。但在该视图中，不能编辑幻灯片中的具体内容，类似的工作只能在普通视图中进行。

3. 幻灯片放映视图

在菜单栏上选择【视图】|【幻灯片放映】命令，或者是单击【幻灯片放映模式】按钮，进入幻灯片放映视图中。幻灯片放映视图是 PowerPoint 2003 最具有特色的功能之一，该视图占据整个计算机屏幕。在该视图方式中，用户可以浏览幻灯片效果，按 Esc 键可以退出。

5.2　PowerPoint 2003 的基本操作

5.2.1　演示文稿的创建、打开和保存

1. 演示文稿的创建

（1）新建空白演示文稿

首先启动 PowerPoint 2003 后，进入工作界面后，选择菜单栏上的【文件】|【新建】命令，打开【新建演示文稿】任务窗口，在该任务窗口中的【新建】栏中单击【空演示文稿】超级链接，即可新建一个空白演示文稿，如图 5-3 所示。

图 5-3　新建空白演示文稿

（2）使用设计模板新建演示文稿

设计模板是指已经设计好的幻灯片的样式和风格，包括幻灯片的背景图案、文字结构、色彩配置等方面。PowerPoint 2003 提供了许多设计好的模板，使用它们可以非常方便地新建具有统一设计和颜色方案的演示文稿。

① 首先选择【文件】|【新建】命令，打开【新建演示文稿】任务窗口，如图 5-4 所示。

② 在该任务窗口中的【新建】选区中单击【根据设计模板】的超级链接，打开【幻灯片设计】任务窗口，如图 5-5 所示。

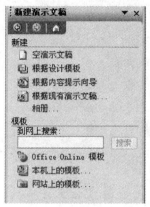

图 5-4　【新建演示文稿】任务窗口　　　　图 5-5　【幻灯片设计】任务窗口

③ 在该任务窗口的【应用设计模板】列表框中选择模板，此时窗口将变成相应的设计风格。

④ 在幻灯片编辑区中输入文字，并进行适当的调整，即可完成演示文稿的创建。

2. 演示文稿的保存

在创建演示文稿后，要及时保存演示文稿，以免计算机断电或系统死机造成信息的丢失。保存演示文稿的具体操作步骤如下。

（1）选择【文件】|【保存】命令，弹出【另存为】对话框，如图 5-6 所示。

图 5-6　【另存为】对话框

（2）在【保存位置】下拉列表中选择保存的位置；在【文件名】下拉列表中输入演示文稿的名称；在【保存类型】下拉列表中选择文件的保存类型。

（3）单击【保存】按钮，即可保存演示文稿。

3．演示文稿的打开

（1）选择【文件】|【打开】命令，或直接单击【常用】工具栏中的【打开】按钮，弹出【打开】对话框，如图 5-7 所示。

图 5-7　【打开】对话框

（2）在该对话框中的【查找范围】下拉列表中选择演示文稿所在的位置；在文件列表中选择需要打开的演示文稿；在【文件类型】下拉列表中选择打开文件的类型。

（3）单击【打开】按钮，即可打开需要的演示文稿。

4．关闭演示文稿

当完成对一个演示文稿的操作之后，选择【文件】|【关闭】命令，或者单击菜单栏右侧的【关闭】按钮，即可将其关闭。

5.2.2　演示文稿的编辑与管理

创建好一个演示文稿后，就可以对演示文稿中的幻灯片进行编辑和管理操作了。用户可以在【普通视图】中对幻灯片进行编辑，在【幻灯片浏览视图】中观看幻灯片的布局，检查前后幻灯片是否符合逻辑等。

1．文本添加及文本格式的设置

在幻灯片中有一些带有虚线或阴影线边缘的边框，它们是各种对象的占位符。在占位符中单击鼠标，即可输入文本。如果需要在占位符之外添加文本，可单击菜单栏中的【插入】|【文本框】按钮，如图 5-8 所示，然后在文本框中输入文本即可。

对于文本框中的文字进行格式设置的具体步骤如下。

（1）选择菜单栏【格式】|【字体】命令，打开【字体】对话框，如图 5-9 所示。

（2）在【字体】对话框中，对文字进行字体、字形、字号、颜色等格式进行设置。

（3）选择好格式后，单击【确定】按钮，完成对文本的格式设置。

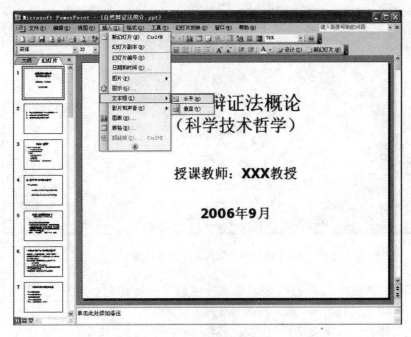

图 5-8　插入文本框

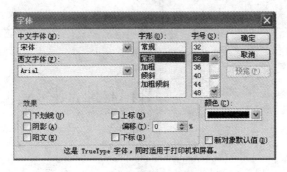

图 5-9　【字体】对话框

当幻灯片完成之后，可以通过菜单栏中的【插入】|【新幻灯片】命令，插入新幻灯片，继续编辑。

2. 插入图片及艺术字

在幻灯片的编辑过程中，还可以向幻灯片中插入剪贴画和来自其他文件的图片，以丰富幻灯片的视觉效果。在幻灯片中插入图片的具体操作步骤如下。

（1）选择菜单栏中的【插入】|【图片】|【来自文件】命令，弹出【插入图片】对话框，如图 5-10 所示。

（2）在该对话框的【查找范围】下拉列表中选择图片所在的位置；在【文件名】列表中选择需要插入的图片；在【文件类型】下拉列表中选择要打开的图片的类型。

（3）设置完成后，单击【插入】按钮即可。

在幻灯片中插入艺术字的具体操作步骤如下。

（1）选择菜单栏中的【插入】|【图片】|【艺术字】命令，弹出【艺术字库】对话框，如图 5-11 所示。

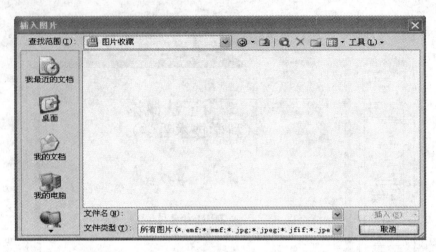

图 5-10　【插入图片】对话框

　　（2）在该对话框中选择艺术字的样式，然后单击【确定】按钮之后，弹出【编辑"艺术字"文字】对话框，如图 5-12 所示。

　　（3）在【编辑艺术字文字】对话框中对艺术字的字体、文字、字号等进行设置，设置完成后，单击【确定】按钮即可。

图 5-11　【艺术字库】对话框

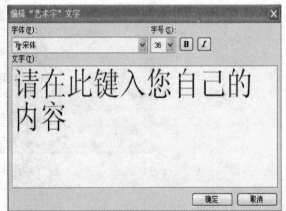

图 5-12　【编辑"艺术字"文字】对话框

3. 插入多媒体文件

　　除了在幻灯片中插入图片和艺术字外，还可以插入声音和影片等多媒体文件。

　　在幻灯片中插入声音的具体操作步骤如下。

　　（1）选择【插入】|【影片和声音】|【文件中的声音】命令，弹出【插入声音】对话框，如图 5-13 所示。

　　（2）在该对话框中找到需要插入的声音文件，单击【确定】按钮，系统弹出一个信息提示框，如图 5-14 所示。

　　（3）在该信息提示框中单击【自动】或【在单击时】按钮（设置播放声音的方式）即可。

　　（4）插入声音文件后，幻灯片上将出现一个声音图标 🔊。如果要删除插入的声音，则删除声音图标即可。

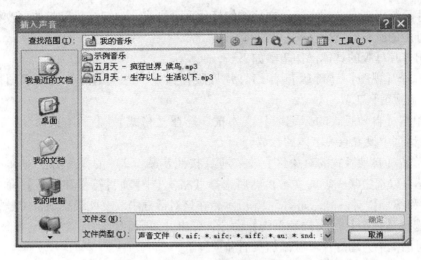

图 5-13　【插入声音】对话框

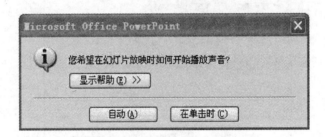

图 5-14　【插入声音】信息提示框

在幻灯片中插入影片的具体操作步骤如下。

（1）选择【插入】|【影片和声音】|【文件中的影片】命令，弹出【插入影片】对话框。

（2）在该对话框中选择需要插入的影片文件，单击【确定】按钮，即可将影片插入到幻灯片中，具体步骤与插入声音的步骤一致。

（3）在幻灯片中，插入影片时，一定要注意插入影片的格式要符合 PowerPoint 2003 的要求，PowerPoint 2003 支持的格式有 avi，gif，mov，qt，mpg 等。

4．复制、移动和删除幻灯片

（1）复制幻灯片的方法是。选中需要复制的幻灯片，选择【编辑】|【复制】命令，或者单击鼠标右键，从弹出的快捷菜单中选择【复制】命令即可。

（2）移动幻灯片的方法是。在幻灯片浏览视图中选中需要移动的幻灯片并拖动鼠标，此时有一条垂直直线表示移动位置，到合适的位置后释放鼠标即可。

（3）删除幻灯片的方法是。选中需要删除的幻灯片，单击鼠标右键，从弹出的快捷菜单中选择【删除幻灯片】命令，或者直接按 Delete 键即可。

5．幻灯片母版的使用

幻灯片母版实际上是一张特殊的幻灯片，它是一个用于构建幻灯片的框架。母版分为幻灯片母版、讲义母版和备注母版 3 种。

幻灯片母版用来定义整个演示文稿的幻灯片页面格式，对幻灯片母版的更改将影响到基于这一母版的所有幻灯片格式。

使用幻灯片母版的具体操作步骤如下。

（1）选择【视图】|【母版】|【幻灯片母版】命令，进入幻灯片母版视图，并打开【幻灯片母版视图】工具栏。

（2）单击【自动版式的标题区】文本框，选择【格式】|【字体】命令，在弹出的【字体】对话框中设置有关字体的参数。

（3）单击【自动版式的对象区】文本框，按照步骤（2）的操作方法对文本进行设置。用户还可以选中某一级的文本，然后选择【格式】|【项目符号和编号】命令，弹出【项目符号和编号】对话框，如图 5-15 所示，在该对话框中改变此级别项目符号的样式。

（4）选择【视图】|【页眉和页脚】命令，弹出【页眉和页脚】对话框，如图 5-16 所示，在该对话框中为幻灯片母版添加页眉和页脚。

图 5-15 【项目符号和编号】对话框

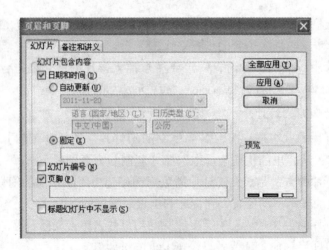

图 5-16 【页眉和页脚】对话框

（5）完成幻灯片母版的设置后，单击【幻灯片母版视图】工具栏中的【关闭母版视图】按钮，关闭幻灯片母版视图，并切换到幻灯片浏览视图中，可看到所做的设置已应用到演示文稿的所有幻灯片中。

使用讲义母版的具体操作步骤如下。

（1）选择【视图】|【母版】|【讲义母版】命令，进入讲义母版视图，并打开【讲义母版视图】工具栏。

（2）在该工具栏中设置需要幻灯片的张数和样式，在讲义上将显示出所需要的幻灯片张数和排列样式。

（3）选择【视图】|【页眉和页脚】命令，弹出【页眉和页脚】对话框，打开【备注和讲义】选项卡，如图 5-17 所示，在该对话框中为讲义母版添加页眉和页脚。

（4）设置完成后，单击【关闭母版视图】按钮，关闭讲义母版视图。

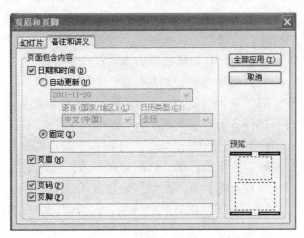

图 5-17　【页眉和页脚】对话框

使用备注母版的具体操作步骤如下。

（1）选择【视图】|【母版】|【备注母版】命令，进入备注母版视图，并打开【备注母版视图】工具栏，如图 5-18 所示。

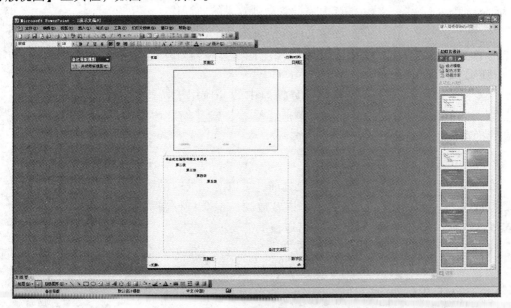

图 5-18　【备注母版视图】工具栏

（2）单击【备注文本区】，设置文本框的位置及其大小。

（3）分别选中【备注文本区】中的各级文本，然后对它们进行格式设置。

（4）设置完成后，单击【备注母版视图】工具栏中的【关闭母版视图】按钮，关闭备注母版视图。

5.2.3　演示文稿的放映

幻灯片制作完成后，就可以放映幻灯片。PowerPoint 2003 提供了丰富的幻灯片放映方式，用户可以在演示文稿中设置幻灯片的切换效果、动画效果、放映方式以及自定义放映等。

图 5-19　【幻灯片切换】窗口

1. 设置演示文稿的切换效果

在 PowerPoint 中，可以在两张幻灯片之间设置一种过渡效果，即幻灯片切换效果，这样可以使两张幻灯片的衔接更加自然和谐。

设置幻灯片切换效果的具体操作步骤如下。

（1）选中要设置切换效果的幻灯片。

（2）选择【幻灯片放映】|【幻灯片切换】命令，打开【幻灯片切换】任务窗口，如图 5-19 所示。

（3）在该任务窗口中的【应用于所选幻灯片】列表框中选择幻灯片的切换方式；在【修改切换效果】选区中设置切换速度和声音；在【换片方式】选区中设置换片方式。

（4）设置完成后单击【播放】按钮，即可预览切换效果。

2. 设置演示文稿的动画效果

在幻灯片中设置动画效果，可以动态显示幻灯片上的文本、形状、声音、图像等对象，以避免放映一开始就显示该张幻灯片的全部内容，提高演示文稿的趣味性。

设置幻灯片动画效果的具体操作步骤如下。

（1）选中要设置动画效果的幻灯片。

（2）选择【幻灯片放映】|【动画方案】命令，打开【幻灯片设计】任务窗口，如图 5-20 所示。

（3）在该任务窗口中的【应用于所选幻灯片】列表框中选择一种动画样式后，单击【播放】或【幻灯片放映】按钮，即可浏览动画效果。

图 5-20　【幻灯片设计】窗口

3. 设置演示文稿的放映方式

在将制作好的演示文稿展示给观众之前，可以对要放映的幻灯片设置其放映方式。PowerPoint 提供了演讲者放映、观众自行浏览和展台浏览 3 种放映幻灯片的方式，用户可以根据需要进行选择。

设置放映方式的具体操作步骤如下。

（1）选择【幻灯片放映】|【设置放映方式】命令，弹出【设置放映方式】对话框，如图 5-21 所示。

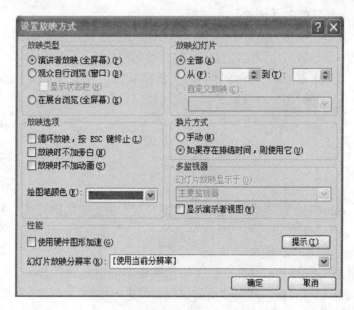

图 5-21　【设置放映方式】对话框

（2）在该对话框中的【放映类型】选区中设置放映类型；在【放映幻灯片】选区中设定具体放映演示文稿中的哪几张幻灯片；在【放映选项】选区中选择是否让幻灯片中所添加的旁白和动画在放映时出现；在【换片方式】选区中设置幻灯片的切换方式。

（3）设置完成后，单击【确定】按钮即可。

PowerPoint 2003 同时还提供了自定义放映功能，可使用户对演示文稿的放映方式进行自定义设置，具体操作步骤如下。

（1）选择【幻灯片放映】|【自定义放映】命令，弹出【自定义放映】对话框，如图 5-22 所示。

（2）在该对话框中单击【新建】按钮，弹出【定义自定义放映】对话框，如图 5-23 所示。

图 5-22　【自定义放映】对话框

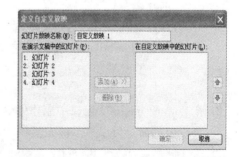

图 5-23　【定义自定义放映】对话框

（3）在该对话框中的【幻灯片放映名称】文本框中输入幻灯片放映的名称；在【在演示文稿中的幻灯片】列表框中选择幻灯片，单击【添加】按钮，即可将其添加到【在自定义放映中的幻灯片】列表框中洗中一张幻灯片，单击【向上】按钮或者【向下】按钮可调整该幻灯片的位置。如果要删除【在自定义放映中的幻灯片】列表框中的幻灯片，先选中该幻灯片，然后单击【删除】按钮即可。

（4）设置完成后，单击【确定】按钮，返回到【自定义放映】对话框中，在【自定义放映】列表框中将显示出所设置的自定义放映的名称。

（5）单击【放映】按钮，开始放映自定义演示文稿；单击【关闭】按钮，关闭【自定义放映】对话框，同时用户的自定义演示文稿将保存在自定义放映库中。

习　　题

一、选择题

1. 在 PowerPoint 演示文稿放映过程中，以下控制方法正确的是（　　）。
   A. 只可以用键盘控制
   B. 只能通过鼠标进行控制
   C. 单击鼠标，幻灯片可切换到"下一张"而不能切换到"上一张"
   D. 可以单击鼠标右键，利用弹出的快捷菜单进行控制

2. 在空白幻灯片中不可以直接插入（　　）。
   A. 艺术字　　　　B. 公式　　　　　　C. 文字　　　　　　D. 文本框

3. 新建一个演示文稿时第一张幻灯片的默认版式是（　　）。
   A. 项目清单　　　B. 两栏文本　　　　C. 标题幻灯片　　　D. 空白

4. 要打印一张幻灯片，可以选择工具栏中的（　　）按钮。
   A. 保存　　　　　B. 打印　　　　　　C. 打印预览　　　　D. 打开

5. 如果要在幻灯片放映过程中结束放映，以下操作中不能采取的选择是（　　）。
   A. 按 Alt + F4 组合键
   B. 按 Pause 键
   C. 按 Esc 键
   D. 在幻灯片放映视图中单机鼠标右键，在快捷菜单中选择结束

6. 在 PowerPoint 2003 中，若为幻灯片中的对象设置"飞入效果"，应选择对话框（　　）。
   A. 幻灯片放映　　B. 自定义动画　　　C. 自定义放映　　　D. 幻灯片版式

7. 在以下几种 PowerPoint 视图中，能够添加和显示备注文字的视图是（　　）。
   A. 幻灯片放映视图　　　　　　　B. 大纲视图
   C. 幻灯片浏览视图　　　　　　　D. 幻灯片视图

8. 在 PowerPoint 2003 窗口中制作幻灯片时，需要使用"绘图"工具栏，使用（　　）菜单中的命令可以显示该工具栏。
   A. 窗口　　　　　B. 视图　　　　　　C. 格式　　　　　　D. 插入考试用书

9. 在"幻灯片浏览视图"模式下，不允许进行的操作是（　　）。
   A. 幻灯片移动和复制　　　　　　B. 幻灯片切换
   C. 幻灯片删除　　　　　　　　　D. 设置动画效果

10. 不能显示和编辑备注内容的视图模式是（　　）。
    A. 普通视图　　　B. 大纲视图　　　　C. 幻灯片视图　　　D. 备注页视图

二、上机操作题

1. 请使用 PowerPoint 完成以下操作。

（1）新建一空白演示文稿，并在第一张幻灯片上添加标题"我爱 office"，并设置所有幻灯片的切换方式为"每隔 5 秒"。

（2）插入第二张幻灯片，并在此幻灯片中添加任意图片。

（3）将第二张幻灯片中的图片动画设置为从右侧缓慢飞入。

（4）在最后插入一张新的幻灯片，版式为标题幻灯片，然后设置标题内容为"新幻灯片"，标题字体为宋书。

2. 请使用 PowerPoint 完成以下操作。

（1）新建一空白演示文稿，并在第一张幻灯片上添加标题"我爱学习"，并设置字体为隶书，字号为 44，加粗，居中对齐。

（2）为整个文档设置模板为 Ocean。

（3）插入第二张幻灯片，并在此幻灯片中添加艺术字，艺术字的内容为"好好学习"，样式任意，字体为宋体，字号为 40。

（4）使用菜单命令将第二张幻灯片中的艺术字设置动作，使其超级链接到上一张幻灯片。

3. 请使用 PowerPoint 完成以下操作。

（1）新建一空白演示文稿，并在第一张幻灯片上添加标题"计算机基础"，并设置字体为楷体，字号为 36，居中对齐。

（2）设置所有幻灯片切换动画为垂直百叶窗。

（3）设置所有幻灯片切换时播放风铃声。

（4）插入第二张幻灯片，并在其中插入图表，图表的内容及样式自定义。

（5）设置图表自定义动画效果，要求效果为盒状，方向向外，速度为中速。

第6章　计算机网络基础知识与应用

考核要点

1. 计算机网络的概念和分类。
2. 互联网的基本概念和接入方式。
3. 互联网的简单应用。拨号连接、浏览器（IE 6.0）的使用，电子邮件的收发和搜索引擎的使用。

6.1　计算机网络的基本概念和分类

6.1.1　什么是计算机网络

计算机网络是指将具有独立功能的多台计算机及其外部设备，通过通信线路连接起来，在网络操作系统及网络通信协议的管理和协调下，实现资源共享和信息传递的计算机系统。用一句话概括来说，计算机网络就是通过传输介质将两台以上的计算机连接起来的集合。

6.1.2　计算机网络的分类

按照网络覆盖的地理范围可以把各种网络类型划分为局域网、城域网和广域网三种。

1. 局域网

局域网（Local Area Network，LAN）是指将某一相对狭小区域内的计算机，按照某种网络结构相互连接起来形成的计算机集群。通常我们常见的 LAN 就是指局域网，这是我们最常见、应用最广的一种网络。目前，局域网随着整个计算机网络技术的发展和提高得到充分的应用和普及，几乎每个单位都有自己的局域网，甚至有的家庭中都有自己的小型局域网。

这种网络的特点可以归纳为 4 个方面。

（1）传输速率快。局域网内计算机之间的数据传输速率非常快。根据传输介质和网络设备的不同，局域网线路所提供的最高数据传输速率一般为 10 ～1 000 Mbps，有的甚至达到 10 Gbps。

（2）传输质量好，误码率低。由于局域网的传输距离较短，经过的网络连接设备少，并且受到外界干扰的程度也很小，因此数据在传输过程中的误码率相对较低。

（3）支持多种通信传输介质。根据网络本身的性能要求，局域网中可使用多种通信介质，例如电缆（细缆、粗缆、双绞线）、光纤及无线传输等。

（4）局域网络成本低，安装、扩充及维护方便。LAN 一般使用价格低而功能强的微机网上工作站。LAN 的安装较简单，可扩充性好，尤其在目前大量采用以集线器为中心的星形网络结构的局域网中，扩充服务器、工作站等十分方便，某些站点出现故障时整个网络仍可以正常工作。

2. 城域网

城域网（Metropolitan Area Network，MAN）是指利用光纤作为主干，将位于同一城市内的所有主要局域网络高速连接在一起而形成的网络。事实上，城域网就是一个局域网的扩展。也就是说，城域网的范围不再局限于一个部门或一个单位，而是一座城市，能实现同城市各单位和部门之间的高速连接，以达到信息传递和资源共享的目的。

3. 广域网

广域网（Wide Area Network，WAN）也称为远程网，是指将处于一个相对广泛区域内的计算机及其他设备，通过公共电信设施相互连接，从而实现信息交换和资源共享。广域网所覆盖的范围比城域网更大，是局域网在更大空间中的延伸。广域网利用公共通信设施将相距数百，甚至数千公里的局域网连接起来，构建网络，从而使相对距离遥远的人们也可以方便地共享对方的信息和资源。

6.2　互联网的基本概念和接入方式

6.2.1　互联网的基本概念

互联网（Internet）又称为因特网。它无疑是世界上最大的广域网，连接着世界各地的上千万个各式各样的局域网，容纳了数亿台计算机，提供了取之不尽的信息资源，将全球每个角落的人们连接在一起，使得人与人之间的交流更加直接，信息传递更加快捷。

6.2.2　互联网接入方式的分类

1. PSTN 公共电话网

PSTN 公共电话网是最容易实施的方法，费用低廉。只要一条可以连接 ISP 的电话线和一个账号就可以。但缺点是传输速度低，线路可靠性差。适合对可靠性要求不高的办公室以及小型企业。如果用户多，可以多条电话线共同工作，提高访问速度。

2. ISDN

目前 ISDN 在国内迅速普及，价格大幅度下降，有的地方甚至是免初装费用。两个信道 128 kbps 的速率，快速的连接以及比较可靠的线路，可以满足中小型企业浏览以及收发电子邮件的需求。而且还可以通过 ISDN 和 Internet 组建企业 VPN。这种方法的性价比很高，在国内大多数的城市都有 ISDN 接入服务。

3. ADSL

ADSL 即非对称数字用户环路，可以在普通的电话铜缆上提供 1.5 ～8 Mbps 的下行传输和 10 ～64 kbps 的上行传输，可进行视频会议和影视节目传输，非常适合中、小企业。可是有一个致命的弱点：用户距离电信的交换机房的线路距离不能超过 4 ～6 km，限制了它的应用范围。

4. DDN 专线

这种方式适合对带宽要求比较高的应用，如企业网站。它的特点也是速率比较高，范围从 64 kbps ～2 Mbps。但是，由于整个链路被企业独占，所以费用很高，因此中小企业较少选择。

DDN 专线的优点很多：有固定的 IP 地址，可靠的线路运行，永久的连接等。但是性能价格比太低，除非用户资金充足，否则不推荐使用这种方法。

5. 卫星接入

目前，国内一些 Internet 服务提供商开展了卫星接入 Internet 的业务。适合偏远地方又需要较高带宽的用户。卫星用户一般需要安装一个甚小口径终端（VSAT），包括天线和其他接收设备，下行数据的传输速率一般为 1 Mbps 左右，上行通过 PSTN 或者 ISDN 接入 ISP。终端设备和通信费用都比较低。

6. 光纤接入

在一些城市开始兴建高速城域网，主干网速率可达几十 Gbps，并且推广宽带接入。光纤可以铺设到用户的路边或者大楼，可以以 100 Mbps 以上的速率接入，适合大型企业。

7. 无线接入

由于铺设光纤的费用很高，对于需要宽带接入的用户，一些城市提供无线接入。用户通过高频天线和 ISP 连接，距离在 10 km 左右，带宽为 2 ～11 Mbps，费用低廉，但是受地形和距离的限制，适合城市里距离 ISP 不远的用户，性能价格比很高。

8. cable modem 接入

目前，我国有线电视网遍布全国，很多的城市提供 cable modem 接入 Internet 方式，速率可以达到 10 Mbps 以上。但是 cable modem 的工作方式是共享带宽的，所以有可能在某个时间段出现速率下降的情况。

6.3　互联网的应用

互联网的应用十分广泛，利用网络不仅可以把一切做得更好，而且还能完成许多单机所无法想象的任务，例如，文件传输、磁盘共享、联机游戏等，从而极大提高工作效率，减少设备资金投入，下面就从以下几个方面介绍一下互联网的应用。

6.3.1　浏览器简介

浏览器是专用于查看 Web 页的软件工具。常用的浏览器有 Microsoft 的 Internet Explorer 和 Netscape 的 Navigator，下面我们以 Microsoft 的 Internet Explorer 为例介绍浏览器的使用。

1. 启动 IE

（1）双击桌面上 Internet Explorer 的图标（或单击快速启动栏中 IE 图标或者执行【开始】|【程序】菜单命令）启动 IE，然后在【地址栏】中输入某个网站的地址，例如登录搜狐网站，输入"www.sohu.com"，按回车键，显示如图 6-1 所示的窗口。

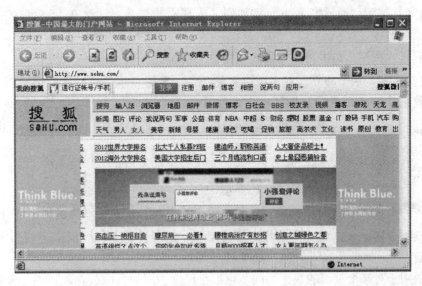

图 6-1　IE 窗口

（2）IE 窗口和 Window 的其他窗口一样，IE 的窗口也包括标题栏、菜单栏、工具栏、地址栏、链接栏、主窗口和状态栏。

浏览器的工具栏（如图 6-2 所示）中显示了遨游 Web 和管理所查找信息的控制操作。工具栏为管理浏览器提供了一系列功能和命令。工具栏下面的地址栏显示出目前要访问的 Web 节点的地址。要转到新的 Web 节点，可以直接在此栏的空白处键入节点的 Web 地址（URL），并在输入完后按回车键。

图 6-2　IE 窗口的工具栏

在 IE 的工具栏上有许多非常有用的按钮。

【后退】 按钮。用于返回到前一显示页，通常是最近的那一页。

【前进】 按钮。用于转到下一个显示页。如果目前还没有使用【后退】按钮，那么【前进】按钮将处于非激活状态。

【打开起始页】按钮。用于返回到默认的起始页。起始页是打开浏览器时开始浏览的那一页，起始页可由用户设置。

环球 Windows 标志。当浏览器访问或下载信息时，屏幕右上角的环球 Windows 标志将随之转动。如果此图标的运动时间比您期望的要长，请使用后面所介绍的【停止】按钮。

【搜索】按钮。打开包括 Internet 搜索工具的那一页。

【停止】 按钮。单击将立即终止浏览器对某一链接的访问。

【收藏夹】按钮。通过将 Web 页添加到【收藏夹】列表，同时在 IE 窗口的左侧显示【收藏夹】窗格。

【刷新】按钮。单击将立即刷新浏览器的当前页。

【历史】按钮。单击将立即在主窗口左侧开辟一窗格显示最近时期的浏览历史。网页保存的天数在【Internet 选项】对话框中设置或清除。

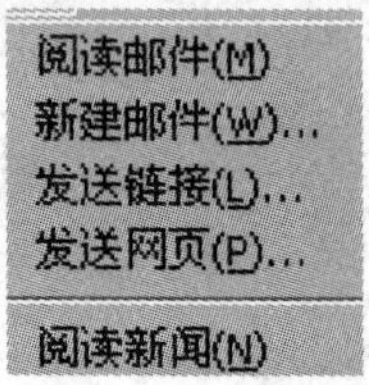

阅读邮件(M)
新建邮件(W)...
发送链接(L)...
发送网页(P)...

阅读新闻(N)

图 6-3 【邮件】菜单

【邮件】按钮。单击【邮件】按钮将立即显示如图 6-3 所示的菜单，选择对邮件的处理方式，系统会自动调用默认的邮件处理程序（用【Internet 选项】对话框的【程序】选项卡设置），比如 Outlook Express 或 Foxmail 等，对邮件进行处理。

【打印】按钮。单击【打印】按钮将对当前页面进行打印。

【WORD】按钮。单击【WORD】按钮将调用 WORD 显示当前页面。

链接栏用于对某个页面的快速访问。可以把经常访问的页面放在此栏内，使用时打开其对应的链接即可。

把某个页面放在此栏内的方法如下。

（1）用 IE 访问该页面。

（2）拖动【地址栏】内最左侧的 IE 图标到链接栏内。

主窗口用于显示当前页面的信息，其下部和右侧各有一个滚动条，用于显示窗口的上、下、左、右移动。

状态栏用于显示当前访问的 Web 页面的信息，包括当前页面的 IP 地址、页面的访问情况、下载进度等信息。

2. 使用 IE

（1）浏览 Web 页

在 Internet 上浏览 Web 页是 IE 最基本的功能，它可以方便地在众多的 Web 页中实现转换。

① 在【地址】栏中输入要查看网页的地址，或在【地址】栏的下拉列表中选择地址，例如输入中央电视台网页地址"www.cctv.com"，然后按 Enter 键或单击【转到】按钮。

② 链接成功，浏览区显示目标网页的信息，如图 6-4 所示，其中有很多超级链接点连接另外的网页，如果用户要继续访问这些网页，可单击超级链接点，例如单击【电视指南】，显示【电视指南】网页。

③ 浏览结束后，单击菜单【文件】|【退出】命令；或单击 IE 窗口右上角的【关闭】按钮，关闭 IE 窗口。

（2）收藏网页

前面介绍过，链接栏提供了快速访问某个页面的方法。可以把经常访问的页面放在此栏内。但是，如果喜欢的页面较多，不可能都放在链接栏内。而且页面较多时也不便于分类组织。使用 IE 的【收藏】菜单或【收藏】按钮可以解决这个问题，将自己喜欢的页面地址分类保存起来，收藏当前网页的方法如下。

图6-4　IE 示例

① 打开【添加到收藏夹】对话框，如图6-5 所示。

（单击菜单【收藏】|【添加到收藏夹】命令。

（右击网页，单击快捷菜单中的【添加到收藏夹】命令。

（单击【收藏夹】窗格中的【添加…】 添加... 按钮。

② 在【名称】栏中输入要保存网页的名称；若不输入，则以当前网页的标题命名。

③ 单击【创建到】按钮，在对话框的下方显示【创建到】列表框。

④ 欲将当前页面保存到某个分类文件夹中，单击该文件夹。

若要新建一个分类文件夹，单击【新建文件夹】，并按提示新建一个文件夹。

⑤ 单击【确定】按钮，收藏网页。

注意：此种方式收藏的是当前页面的 Web 地址，而不是内容。若要保存当前页面的内容，应选中【允许脱机使用】。

（3）访问收藏的页面

要访问收藏的页面，打开【收藏】菜单或单击【收藏】按钮，打开页面所在的分类文件夹，如图6-6 所示，再单击页面名称，即可打开所保存的 Web 页面。

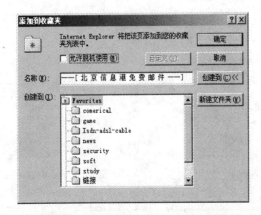

图6-5　【添加到收藏夹】对话框

图6-6　【收藏】菜单

（4）下载文字或图片

除收藏网页的全部内容，还可将当前页面的部分内容（文字、图片等）保存到本地计算机上。

① 选定文字或图片。

② 执行【文件】|【另存为】菜单命令，打开【保存 Web 页】对话框。

③ 输入目标文件夹及文件名，单击【确定】按钮。

（5）设置起始页及网页保存时间

① 执行【工具】|【Internet 选项】菜单命令，打开【Internet 选项】对话框。

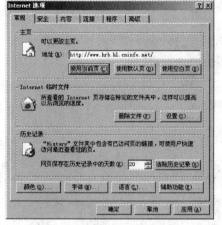

图 6-7　【Internet 选项】对话框

② 选择【常规】选项卡，如图 6-7 所示。

③ 设置起始页。

- 用某一网页。在【地址】文本框中输入网址。
- 用当前页。单击【使用当前页】按钮。
- 用第一次安装 IE 时设置的主页。单击【使用默认页】按钮。
- 用空白页。单击【使用空白页】按钮。

④ 设置历史记录。

- 网页保存时间。在【网页保存在历史记录中的天数】框中输入天数。
- 清除历史记录。单击【清除历史记录】按钮。

⑤ 单击【确定】按钮，关闭对话框。

6.3.2　拨号连接

拨号连接的步骤如下。

（1）安装好网卡驱动程序以后，选择【开始】|【程序】|【附件】|【通信】|【新建连接向导】，如图 6-8 所示。

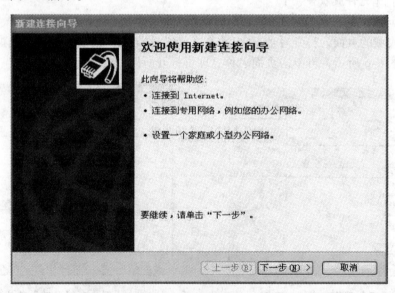

图 6-8　新建连接向导 1

（2）出现【欢迎使用新建连接向导】画面，直接单击【下一步】按钮，然后默认选择【连接到 Internet】，如图 6-9 所示，单击【下一步】按钮。

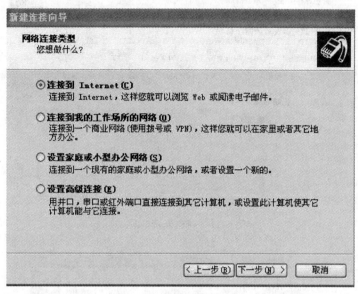

图 6-9　新建连接向导 2

（3）在出现的界面里选择【手动设置我的连接】，如图 6-10 所示，然后再单击【下一步】按钮。

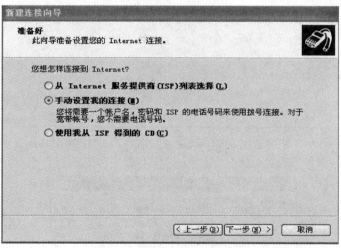

图 6-10　新建连接向导 3

（4）出现如图 6-11 所示的界面，选择【用要求用户名和密码的宽带连接来连接】，单击【下一步】按钮。

（5）出现如图 6-12 所示的界面，提示输入【ISP 名称】，这里只是一个连接的名称，可以随便输入，例如，"ADSL"，然后单击【下一步】按钮。

（6）出现如图 6-13 所示的界面，可以选择此连接是为任何用户所使用还是仅为自己所使用。然后输入自己的 ADSL 账号（即用户名）和密码（一定要注意用户名和密码的格式和字母的大小写），并根据向导的提示对这个上网连接进行 Windows XP 的其他一些安全方面设置，然后单击【下一步】按钮。

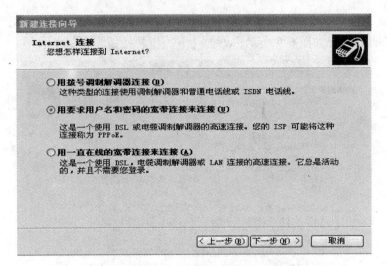

图 6-11　新建连接向导 4

图 6-12　新建连接向导 5

图 6-13　新建连接向导 6

（7）至此，ADSL 设置就完成了，如图 6-14 所示，单击【完成】按钮后，将会看到桌面上多了个连接图标 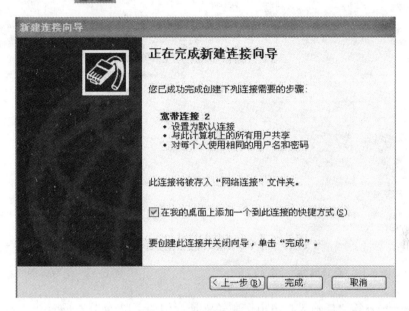 。

图 6-14　新建连接向导 7

（8）如果确认用户名和密码正确以后，直接单击连接图标即可拨号上网，如图 6-15 所示。

图 6-15　宽带连接快捷方式

6.3.3　电子邮件的收发

电子邮件的收发步骤如下所示。

（1）首先登录网站，要注册自己的电子邮箱，如图6-16所示。

（2）填写自己的详细信息，完成邮箱的注册，如图6-17所示。

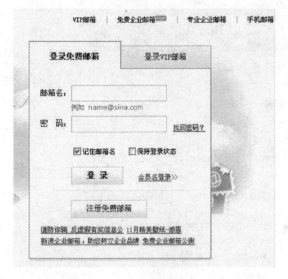

图6-16　登录网站

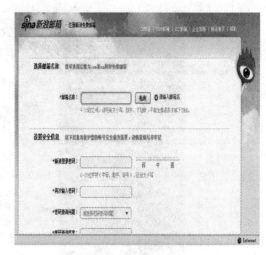

图6-17　填写详细信息

（3）登录到邮箱之后输入对方电子邮箱地址，例如，123@163.com，以及所要写信的内容，然后单击【发送】按钮，完成电子邮件的传输，如图6-18所示。

图6-18　电子邮件的收发

6.3.4　文件传输与文件共享

如果没有网络，当在计算机之间复制文件时，恐怕只有借助于软盘、CD-R 或 U 盘等媒介，从而不得不浪费大量宝贵的时间或资源。有了网络一切就会截然不同，既不再需要软盘、U 盘和刻录机，也不再需要压缩和拆分，几十兆甚至上百兆的文件，都能在瞬间或极短的时间内传输完毕，省时、省力、省心。

文件共享，有些文件是保密的，是不希望被人看到的。但是，也总有些文件是必须让大家看的，或者让大家使用或运行的（如一些应用程序）。如果计算机没有联网，那么怎么让大家共享这些文件？或者打印成文本，或者用磁盘复制。而在网络环境下，无论是谁，只要授予其查看或修改的权限，他就能够在自己的计算机中运行、浏览和修改甚至删除这些文件。另外，无论用户走到哪里，坐在哪一台计算机前，都能查看和修改自己尚未完成的文档，从而保证了文件的唯一性。不用担心自己的文件会被其他人随意地查看、修改和删除，因为网络系统有一系列的安全措施，完全能够保证做到以下两点。第一，想让其他人看到，对方才能看得到，而不想让其他人看的，就绝对看不到；第二，想让其他人修改的，对方才能修改，而不想让其他人修改的，就绝对修改不了。

习　　题

一、选择题

1. IE 收藏夹的作用是（　　　）。
  A. 收集感兴趣的页面地址　　　　　　B. 记忆感兴趣的页面内容
  C. 收集感兴趣的文件内容　　　　　　D. 收集感兴趣的文件名

2. 对于众多个人用户来说，接入因特网最经济、最简单、采用最多的方式是（　　　）。
  A. 局域网连接　　B. 专线连接　　　C. 电话拨号　　　　D. 无线连接

3. 下列关于电子邮件的说法中错误的是（　　　）。
  A. 发件人必须有自己的 E-mail 账户
  B. 必须知道收件人的 E-mail 地址
  C. 收件人必须有自己的邮政编码
  D. 可使用 Outlook Express 管理联系人信息

4. 计算机网络按地理范围可分为（　　　）。
  A. 广域网、城域网和局域网　　　　　B. 因特网、城域网和局域网
  C. 广域网、因特网和局域网　　　　　D. 因特网、广域网和对等网

5. 通常，一台计算机要接入因特网，应该安装的设备是（　　　）。
  A. 网络操作系统　　　　　　　　　　B. 调制解调器或网卡
  C. 网络查询工具　　　　　　　　　　D. 浏览器

6. 下列软件中可以查看 WWW 信息的是（　　　）。
  A. 游戏软件　　B. 财务软件　　　C. 杀毒软件　　　D. 浏览器软件

7. 上因特网浏览信息时，常用的浏览器是（　　　）。
  A. KV3000　　　B. Word 2003　　　C. WPS 2000　　　D. Internet Explorer

二、简答题

1. 什么是计算机网络？其主要功能是什么？
2. 计算机网络是如何进行分类的？
3. 互联网的接入方式一般有哪些？
4. 如何设置拨号连接？

附录 ASCII 码对照表

ASCII 值	字 符	ASCII 值	字 符	ASCII 值	字 符	ASCII 值	字 符
0	NUT	32	（space）	64	@	96	、
1	SOH	33	!	65	A	97	a
2	STX	34	〕	66	B	98	b
3	ETX	35	#	67	C	99	c
4	EOT	36	$	68	D	100	d
5	ENQ	37	%	69	E	101	e
6	ACK	38	&	70	F	102	f
7	BEL	39	,	71	G	103	g
8	BS	40	(	72	H	104	h
9	HT	41	)	73	I	105	i
10	LF	42	*	74	J	106	j
11	VT	43	+	75	K	107	k
12	FF	44	,	76	L	108	l
13	CR	45	–	77	M	109	m
14	SO	46	.	78	N	110	n
15	SI	47	/	79	O	111	o
16	DLE	48	0	80	P	112	p
17	DCI	49	1	81	Q	113	q
18	DC2	50	2	82	R	114	r
19	DC3	51	3	83	X	115	s
20	DC4	52	4	84	T	116	t
21	NAK	53	5	85	U	117	u
22	SYN	54	6	86	V	118	v
23	TB	55	7	87	W	119	w
24	CAN	56	8	88	X	120	x
25	EM	57	9	89	Y	121	y
26	SUB	58	:	90	Z	122	z
27	ESC	59	;	91	[	123	{
28	FS	60	<	92	/	124	l
29	GS	61	=	93	]	125	}
30	RS	62	>	94	^	126	～
31	US	63	?	95	—	127	DEL

参 考 文 献

[1] 汪炜军，范胜虎. 计算机基础实验教程［M］. 北京：机械工业出版社，2008.

[2] 尹丽华，佟勇臣. 计算机基础与操作［M］. 第二版. 北京：科学出版社，2007.

[3] 丁爱萍. 计算机应用基础［M］. 第三版. 西安：西安电子科技大学出版社，2004.

[4] 陈语林. 大学计算机基础［M］. 北京：中国水利水电出版社，2006.

[5] 沈大林. 中文 Windows XP 案例教程［M］. 北京：中国铁道出版社，2006.

[6] 徐立新. 计算机网络技术［M］. 北京：人民邮电出版社，2009.